孙倩/著

# 失控的家长
# 儿童心理直播间
（3-6岁）

團结出版社
UNITY PRESS

图书在版编目（C I P）数据

失控的家长 : 儿童心理直播间. 3-6 岁 / 孙倩著
. — 北京 : 团结出版社, 2019.3
ISBN 978-7-5126-6810-2

Ⅰ. ①失… Ⅱ. ①孙… Ⅲ. ①儿童心理学 Ⅳ.
① B844.1

中国版本图书馆 CIP 数据核字(2018)第 277971 号

---

**出　版：**团结出版社
（北京市东城区东皇城根南街 84 号　邮编：100006）
**电　话：**（010）65228880　65244790　（出版社）
（010）65238766　85113874　65133603（发行部）
（010）65133603（邮购）
**网　址：**http://www.tjpress.com
**E-mail：**zb65244790@vip.163.com
fx65133603@163.com（发行部邮购）
**经　销：**全国新华书店
**印　装：**天津盛辉印刷有限公司

---

**开　本：**170mm×240mm　16 开
**印　张：**11
**字　数：**113 千字
**印　数：**5045
**版　次：**2019 年 3 月　第 1 版
**印　次：**2019 年 3 月　第 1 次印刷

---

**书　号：**978-7-5126-6810-2
**定　价：**36.00 元

# 名家推荐语

“每一个罪恶的灵魂都有一个伤痕累累的童年。”作为一名幼教专业人士，我看到孙老师的案例是多么想呐喊！很多孩子从婴儿期到童年期，家庭社会已经给予他们不同的锻造，我们成人可以有意无意地用冷漠伤害他们、用抱怨雕刻他们、用讨好伪装他们、用暴力收缩他们。作为成人，而我们自己本就没有觉知生命的意义，更是不自觉地把扭曲的东西传递给孩子。看似孩子不读书了，有问题了，着急了才赶紧去寻求办法，殊不知实际自己就是那剂良药。可悲的是，我们自己也是这样被塑造出来的，有的恐惧、有的自卑、有的多疑、有的焦虑，我们是时候通过现象看本质了。所有成人的自知与觉醒，不但能帮助孩子，还能帮助社会，更重要的是帮助我们自己。

感谢孙老师的这本书，给我们一次次的觉醒，一次次的领悟。小心触碰孩子的心灵，让孩子成长为“自己”，而不是父母的样子，他们无须完成谁赋予的使命，成人应该提供的是陪伴孩子度过真实有价值的童年生活！我们的教育应提供的不是通过学习技能去寻找工作，而是遵从生命规律，发展内在力量，培养社会的温情新人类！

——教育部西部国培示范性项目专家、多彩思维系列课程创始人 王曼卿

作为一名幼教工作者，我发现当下的父母往往关注了孩子的能力培养、习惯养成和知识能力的提高，而恰恰忽视了儿童的心理健康成长。一个正常的儿童心理健全发展和原生家庭有着直接的关系，相信孙老师的这套书能够给我们带来全新的启示。

——中国幼教讲师团秘书长 刘 强

这本书很好地诠释了教育来源于生活，现代儿童的心理状况非常需要得到家长的重视，这些问题对孩子的发展有着方方面面的影响。读完这本书会发现：为孩子准备一个爱和自由的环境是帮助孩子成长的前提；走进孩子的内心，很多问题就会迎刃而解！

——安科纳儿童之家创始人、蒙特梭利高级培训师 张翠杰

在做一个合格的家长之前，我们先要学会如何才能更好的和自

己相处。做家长最大的痛苦，莫过于你为孩子付出了全部的努力，孩子却离你的期望渐行渐远。如果想改变这种状况，请你打开这本书，慢慢走进孩子的内心世界吧。

——北京市忠德双语幼儿园园长 韩 硕

孙老师是我认识的非常专业的儿童心理专家，通过她的书籍会让我们了解到平时忽略的问题。您了解孩子的年龄特点吗？您知道在您孩子叛逆期、青春期的特殊时期怎样与孩子沟通吗？怎样让孩子在原生家庭中提高幸福感和安全感吗？其实，建立安全感的最好方式来自于有效沟通。原生家庭的问题，或多或少会影响孩子的认知和做事风格。有以上困惑的家长可以打开这本书看一看，将有益于我们陪伴孩子一同健康成长。

——北京西城汇佳北欧幼儿园园长 张 旭

结缘孙老师是在一次专业的心理咨询讲座上，记得孙老师讲述儿童心理特点时，风趣幽默、深入浅出，引导在座的老师们能从更专业的角度走进幼儿心理，读懂幼儿行为。孙老师的这本书是老师和家长们期盼已久的福音。

——北京蓟门里幼儿园保教主任、国家高级育婴师 崔 霞

# 总 序

我曾经看过一本书上说：养育孩子是为了参与一个生命的成长，不用替我们争门面，不用为我们传宗接代，更不用帮我们养老。我们只要见证这个生命存在过这个世界上，在这个美丽的世界上走一遭，让我们有机会和他同行一段……

这段话会让很多父母有相同感受，我们都希望孩子健康快乐足矣，但又经常因为在成长中发生的事情而烦恼，甚至对孩子的要求好像变得不再那么单纯。我们都希望把最好的给自己的子女，而这个世界上到底什么是最好的？也许我们一生都在寻找答案。

大部分父母都是在做自己童年时代憧憬的父母，把自己年幼希望拥有的东西奉献给自己的孩子。于是，教育子女更多的是在满足父母自己，而不是孩子真正需要的。父母都在说着爱孩子，可是在教育抚养孩子的某些时候，父母给孩子传递的信息并不是爱，更多的是害怕，也可以叫做焦虑。尤其是在孩子成长道路中遇到问题的时候，家长发现能够提供给孩子解决问题的方法少之又少，想替孩子承担痛苦但又不行时，家长的焦虑就会越来越多，担心孩子无法正常成长，担心孩子因为某个行为、结交某个朋友就会变坏，这些都是家长的焦虑，失控的焦虑。甚至有些家长在陪伴孩子出现问题时才会意识到，先要自己成长，才能陪伴孩子一起成长。

我们到底该如何与孩子沟通，如何了解孩子真正的内心想法？基于这个想法，我开始整理我所咨询过的个案，在这些个案中，有很多相似的情景、相似的模式，在咨询过程中，我不断地想为什么那么多家庭处理孩子的问题都那么的相似，为什么那么多孩子要经历同一种情况的误解？有没有一种方法让家长、老师们了解孩子的特点，有没有一种方法把生活的例子告诉大家，让大家了解遇到此类情况应该如何处理？

我通过这几年咨询的案例，将相似情节的案例整理出来，一方面是想帮助家长分析和了解事件背后的原因，更重要的是我们提供了在遇到此类问题时的处理策略，希望读者在翻看的时候细细体会。

我想通过这套书让焦虑的家长们不再焦虑，头疼的老师们眉头舒展，让更多的孩子们得到真正的理解和关爱。也许你对现在的生活状态并不满意，也许你现在正被孩子成长的问题所困扰，也许你现在正在经历着生活的坎坷，也许你经历过我们一生都没有经历过的事件，但不管你处于什么样的生活中，请记住，世界和我爱着你。

# 前　言

第一次关注儿童行为、情绪问题时我还在幼儿园做园长，有一次我们在幼儿园进行教研时发现很多孩子有相同的情绪问题，在研讨解决方法时发现同一行为的孩子，他们的原生家庭都会有相似之处。这时，我对儿童行为和儿童心理研究产生了极大的兴趣。在幼儿园期间，我还发现很多儿童行为问题。如吃手、打人、咬人、自私、乱发脾气等都和儿童情绪有关，如果我们处理好儿童的情绪，这些行为也会逐渐减少。在2004到2006年期间，我经常去教委参加培训和学习，在学习的过程中，我把幼儿园一个孩子的行为问题当作个案进行分析，引起了其他园所老师的共鸣。那时，我突然意识到，作为成人来说，对儿童的行为和心理的了解是多么重要，不管是家长也好、老师也罢，都希望看到问题时找到问题背后的原因，分析儿童的行为和想法，并找到对策。

在那之后的几年，我和我的老师、我的学生们一起在儿童心理、行为方面的问题上进行研究，并且实际接触一些家长，帮助他们解决儿童成长中遇到的问题，对大部分的儿童也做了长期的追踪随访研究，一直到这些孩子上了小学、初中，甚至高中。2014 年开始，我做了儿童心理咨询师，这几年在进行个案咨询时发现，无论什么样的案例都有一定的规律，有的是家庭抚养的问题，有的是心理成长的问题，有些儿童需要进行心灵上的关注，有些儿童则需要利用行为主义技术和手段，也有的是需要对原生家庭进行深度的心理分析，不管是哪种方式，我们的目的只有一个，就是找出最有效的方法，解决每一个来访者的困惑。

在我整理这些个案的过程中，我希望能将这些个案相似情景展现给家长们，让家长们遇到类似问题时不必焦虑。在书中，为了方便家长阅读，我举了很多案例，结合案例并进行深度分析，提出解决方法。虽然我是经过长期的研究和经验积累对每一个问题行为进行了分析并给出了指导策略，但现实生活中的孩子发展过程各有特点，家庭环境也大不相同，仍然会有很多书中找不到的答案，或者我的策略也并不能完全解决这个问题，也希望家长们能够通过这本书，开启对儿童心理的兴趣和热爱，同时也欢迎广大读者和我探讨生活中自己遇到的问题。期待各位读者能够通过此书从心理学的角度进行思考，探索出自己的一条道路。

最后感谢团结出版社的张晓杰编辑，因为有了她的鼓励和支持，我才决定编写此书，也是因为她的敬业和认真，我才可以将整理后的案例一一呈现给大家。感谢为这本书的出版做出努力的人们，我会铭记在心，继续努力。

孙 蒨

2018 年 10 月 16 日

# 目 录

# contents

# 案例 1：失控的攻击行为

♂ 男孩 3 岁

## 案例描述：

明明（化名）近一个月在幼儿园频频出现攻击性行为，不是打小朋友，就是推其他小朋友，当他想要和其他小朋友玩时，还会从别的小朋友手中抢夺玩具。

据妈妈反映：在家中，如果不让做什么事情，明明就会非常生气，摔玩具或打发出指令的人。

我在幼儿园进行巡班检查时，发现了这个现象，要求明明随便画一幅画，通过绘画来了解明明内心的状态。本案例中的这幅画就是明明当时画的。

## 案例分析：

这幅画是一幅儿童自由画，由于画者在绘画方面的还处于命名期。

这个时期，孩子一边画，嘴里一边念叨什么。孩子画的什么，人们

明明笔下的自己和妈妈

根本看不出。他说这是“苹果”、那是“妈妈”等等，是孩子自己对涂画的注解，自己很欣赏。这个阶段的孩子不是想什么画什么，而是画什么想什么。

我与画者沟通后，得知黑色画笔画的是一只公鸡，大圆圈是妈妈，右边小的圆圈是自己。

此幅画通过画者讲解后发现，大公鸡正站在妈妈的头上啄妈妈的头发，而自己站在旁边。公鸡代表了画者的攻击性，使用的颜色也表示出画者对攻击性行为有一种不安、罪恶的情绪。

经过进一步咨询后发现，画者的妈妈对画者要求混乱，高兴时什么都可以做，不高兴了什么都不可以做，这也是画者攻击性行为背后的动机，就是对妈妈的愤怒。而在画面中，画者把自己画得弱小、无助。也体现出对自己的评价和无奈。

### 成长策略

家长在教育孩子的过程中，教育思路需清晰统一，并需要经常觉察自己的行为，如过度控制、过度忽视或是教育者意见不统一，这些行为都会导致儿童将愤怒化为行为而攻击他人或自己。

家长一旦感受到孩子的愤怒，应该先安抚孩子的情绪，了解孩子的心理感受，降低其愤怒感。当孩子做出极端行为时，可以先进行冷处理，等孩子冷静后再进行心理安抚。不管孩子的状态如何，首先要做到的是感受孩子的愤怒点，弄清楚孩子这样做的原因是什么，是为了博取他人的关注，还是因为家长与其他人的亲密等引发他的嫉妒？这些都是要通过与孩子的心灵沟通来获取的。

# 案例2：愤怒的大便

## ——不良的情绪发泄方式

♂ 男孩3岁半

### 案例描述：

小林（化名）长期整托在幼儿园，家庭情况特殊：父母离异、孩子由爷爷和姑奶奶共同抚养。虽然3岁多，但语言能力明显迟缓。

一天，幼儿园分面包。小林前面有豆豆（化名）在排队，教师在分发食物时，先给了豆豆。

小林看见后大叫，阻止教师给豆豆食物。在教师多次解释下，告诉他："豆豆先来的，他应该先分到食物，再是你。"小林非常愤怒，哭闹很久。

半小时后，教师发现小林在桌子下面大便。

### 案例分析：

通过这个案例，可以看到影响孩子情绪的原因。

首先，小林是长期住宿在学校的孩子，因为家庭的特殊性，平时老师对他都关爱有加。让小林有了一种学校就是家的感觉。

而在与其他幼儿分享时，小林会无意识地认为老师应该分给他，因为每天晚上就是这样做的。这种思维模式一是老师们给养成的，二也是为什么教委再三禁止幼儿整托的行为。孩子把学校当作家，而教师却不能像真正父母那样关照到他的内心世界。而没有父母的关爱，小林的性格会有缺失。这样会造成小林性格暴躁，易冲动的行为表现。同时也容易造成孩子利用极端的方式进行报复或表达。

其次，由于小林的情绪表达有严重的缺失，无论从家庭也好，从学校也好，都没有帮助小林对自己的情绪进行认知，这也造成了小林会用很原始的方式进行情绪的发泄——在桌子下面大便。面对儿童这一行为时，作为成人来说应该先教会儿童认识自己的情绪并学会合理表达。如儿童在哭闹时，成人要询问：你现在是很伤心吗？你是非常生气吗？等等这样的方式帮助儿童建立良好的情绪认知。

## 成长策略

当孩子出现报复的行为时，家长需要注意的是您的孩子正在获得心理上的一种平衡。您需要觉察的就是平时是不是对孩子控制过多。有些孩子进行报复更多的是希望父母对自己心灵上的关注，大部分家长会关注到孩子的行为或意识，而孩子为什么会有报复的行为，家长们却忽略了内心真正的需求。日常，家长需经常与孩子沟通，及时了解他们行为背后的真实需求，给予足够爱的关注。

# 案例 3：我是妹妹

♂ **男孩 5 岁**

## 案例描述：

小辛（化名）近 5 个月已经很久没有吃饭了，平时不管是在幼儿园还是家中都是喝水，吃少量水果。父母和老师都非常着急，在家中或幼儿园，除了进食方面，其他方面均正常。去医院诊断，未发现器质性病变，医生建议进行心理疏导。

## 案例分析：

文中这幅画是一幅儿童房树人绘画，画者是在咨询师身旁作画的。

对于这个年龄的孩子，已经对自己的性别、家庭都非常熟悉，并能通过绘画表达出来。

在我与画者沟通后，得知画面中的人物是一个女孩，年龄是 5 岁，经过再次询问后，画者说这是自己。但画者是男孩，经过反复询问后，画者明确画中的自己就是女孩，并说“我希望自己是女孩，是弱的。”同时画者也说出了，自己不想吃饭是想让自己变瘦弱。希望别人能多照

房树人绘画

顾自己一些。

与画者交谈时，询问画者为什么不吃饭、变瘦弱就好了。他说：这样爸爸妈妈就可以照顾我，可以不用上班了，也不用生妹妹了。

## 成长策略

每一个孩子的内心是敏感的，也许很多家庭现在正好在要二胎的高峰期，也许家长们会觉得这样的行为或举动不会对家里的老大有什么影响，但是往往由于我们对孩子内心不够关注和缺乏精神上的交流，导致孩子对自我的否定，并伴有消极行为或情绪，家长们与孩子沟通时，真正要注意到的不是吃的如何，穿的如何，更多的是您的孩子内心是否真正感受到你们对他的爱。

# 案例4："卖力"咬指甲

♂ 男孩 6岁

## 案例描述：

很多孩子在童年时期都会有过咬指甲的行为，但最近认识的这个孩子却咬得格外"卖力"。小义（化名）初次认识他的时候，白白净净的，看上去是个很儒雅的小男孩，穿着 Teenie Weenie 的小衬衫，俨然一副贵族学生的范儿。

他看到我时，害羞地叫了一声老师好。然后就坐在沙发上低着头，他妈妈看了他一眼后开始和我说为什么带他来，原因很简单：这孩子从小一直都很快乐地成长着，但不知道从什么时候开始喜欢咬指甲。每次在学校上课时总会把自己的手指咬个遍。

说到这里时，我看到小义就又开始咬指甲了。我示意妈妈停下，带着小义去沙盘屋，让助理陪小义玩，我再回到妈妈的房间请她继续。妈妈愣了一下，但依然继续说："老师和我们沟通后，我们也发现平时在家他会时不时地咬指甲。我用了各种方法涂辣椒水、蘸芥末等都不管用，上星期他又把手指放在嘴巴里时，他爸看到了，狠狠地打了一顿，但过了几天又是老样子。”

我们简单沟通后来到沙盘室，我特意观察了一下小义的手，他的指甲已经要秃了，而且因为没有指甲的保护，手指尖脱了皮。他的小手拿着沙盘的沙具，猛地看上去根本看不出来这是小孩子的手，这双手显得非常苍老，每个手指头都是模糊不清。

## 案例分析：

在和小义妈妈谈话时了解到，小义父母工作很忙，从小由老人抚养长大，老人比较宠孩子，样样事情都听孩子的，但因为老人年纪较大行动不便，家中又换成保姆照看，目前小义和保姆还处于磨合期。

我们都知道儿童的情绪是伴随人们需要是否满足而产生的体验，它能激励人的行为，改变人的活动效率。而小义从一直宠爱他的老人，转向严厉管教的父母和不熟悉的保姆抚养，这个转变使他产生了严重的焦虑情绪。所以，小义就用咬指甲来安慰自己，从而减轻紧张的心情。

而在小义咬指甲的行为出现时，父母又经常注意他，盯着他，还打他作为警醒，这使他产生了自卑和恐惧感，成人的“严厉”攻势下，虽然会有所改正，但在成人不注意的时候会咬得更加厉害。靠咬指甲增强安全感。

在我们的谈话中也可以感受到，妈妈对小义心理方面的关心和感受度较低，甚至很多时候妈妈就在小义面前说出很多小义的不当行为，这无疑是对小义咬指甲是一种强化，而我将小义叫走后，妈妈也没有感受到为什么要把孩子单独支开来去谈论她想表达的事情，这也同样看出家长对孩子内心的不了解。

## 成长策略

上述情况很多儿童都会出现一些同类行为，家长在纠正不良行为习惯时，应注意方式方法，比如，和孩子一起照镜子，看看镜子里自己咬指甲和不咬指甲的样子一样吗？哪个更好看？或者家长带孩子去一个有显微镜的地方，从孩子手上取出一点指甲的污垢，让孩子亲眼看到指甲里的脏东西，下次再咬指甲的时候，会想起画面，最重要的是要鼓励，如当孩子刚要把手指放入口中时，家长可以说："我相信你是说话算话的，你肯定能做到今天不咬指甲，我相信你。"家长也要关注，是不是孩子最近的生活比较贫乏，让孩子没事可干，让孩子的小手忙起来，孩子也就想不起来咬指甲了。

# 案例 5：翻不过去的绳子

## ——过多依赖

♂ 男孩 5 岁半

**案例描述：**

在幼儿园里会有各种各样性格的孩子，但总有一些孩子，老是喜欢什么都没做就开始说我不会，帆帆（化名）就是这样。这天，老师在教小朋友们玩翻绳游戏。老师还没开始讲授，帆帆就说："老师，我不会，你帮我。"老师告诉帆帆先认真听，听完就会了。

老师讲授完后，让每个小朋友进行练习，这时，帆帆又说："老师，我不会翻，你给我翻。"

老师走过去跟他说："我拿一个绳子给你示范，你自己来翻这个绳子，这样才好玩啊。"

帆帆大叫："不要，我不会，我不会翻绳子。"

就这样，帆帆不断地让老师帮助他，如果老师没有满足他的要求，他就会大叫，有时还会声嘶力竭地哭。

最后，老师还是帮助帆帆把绳子翻好，帆帆这才罢休。

## 案例分析：

通过这个案例，我们不难发现，这个孩子对成人的依赖性非常强。只要遇到了困难就希望得到直接的帮助，而不愿意用自己的能力、力量去完成和面对。

在生活中，我们会遇到很多这种类型的孩子，这种类型的孩子一般都是家庭照顾比较细致，没有感受过通过自己的能力做出一件事的愉悦感。而作为父母，我们也习惯性地当孩子哭闹或需要帮助时，第一时间帮助孩子完成，而不是引导孩子完成。久而久之，孩子就会对自己的能力不自信，认为自己什么都做不好。

当孩子看到周围的同伴开始慢慢完成时，而自己还是无从下手，甚至成人教了怎么做也无法去做时，是习惯和内心的抗拒妨碍孩子去主动动手操作。

## 成长策略

当孩子已经有这种行为时，说明他已经养成了一种习惯，不论是时间的长短，这时，成人就应该马上采取止损行为，可以用语言引导或在旁边示范。尽量不要过多地采用手把手地教孩子的方式，因为这样会让孩子更愿意依赖成人。

若孩子哭闹严重，先要解决孩子的内心问题，可以抱一抱孩子，或询问孩子哭的原因。不管怎样，成人的放手才能给孩子一个锻炼的机会。

# 案例 6：我要烧了全世界

♂ **男孩 6 岁**

## 案例描述：

今天工作室来了一位很特别的小朋友，第一眼看见他时，乖巧可爱，非常聪明的一个小男孩——苗苗（化名），来咨询的原因很简单，家长和老师反馈经常不会表达自己的情绪。

如：老师让他走过来，他不想过去，就会说："我被困在这里了，我走不过去。"或者他想做一件事情时，老师没有让他做，他就会哭着说："我想烧死你，我想烧死我自己，我要烧死全世界。"

因这样的问题已经严重影响到他的生活，所以家长前来就诊。

## 案例分析：

当孩子经常会说一些让别人不开心或相反的话语时，一方面我们需要注意孩子是否平时压抑得太久。而有些孩子会经常说"杀死"、"烧掉"、"着火"、"打死"等词汇，这时成人需要关注，儿童的负向情绪是否经常被压抑，不让说出来，或是家长会在孩子面前争吵，让孩子目睹过此类情景。

当孩子内心压抑着愤怒时，他们往往都会模仿大人用语言发泄。同时还会伴随一些过激行为。有时我们会被孩子这样的语言激怒或吓坏，但更多的是需要关注孩子的内心状态，了解为什么会有这样的情况发生。

## 成长策略

孩子会说愤怒的话语激怒成人，更多的时候是不会说正确的词语来表达自己的情绪感受，作为成人，很多时候应该告诉孩子，如何表达自己的情绪感受，例如：我现在非常生气，我不想去做你让我做的事情。引导孩子用恰当的言语表达出自己的内心感受。

在我们的教育观念里，好像这些话都不能说，一说就像违背了什么一样，而这些都是正常的情绪反应，谁都会有不喜欢做的事情，不愿意看的情景，我们孩子有权对家长说不，也有权拒绝我们给安排的一切，只有这样，孩子才可以发展自我，只有这样，我们的教育才不是在我们的意志下完成的。

# 案例7：控制不住的打人现象

♂ **男孩4岁**

## 案例描述

最近新认识一个小男孩毛毛（化名），由家人带领来到我这里，主要原因是家长说他经常在学校里打人，只要别人不听他的，他就会打人。

在我和这个孩子聊了聊之后发现他是一个非常开朗、友好、语言表达能力强的孩子。据家长反映，他非常喜欢参加班里的所有活动，在参加活动时想象力也很丰富。他可以用积木搭出很复杂的建筑，而且搭的时候还会加上一些游戏的情景。他还喜欢玩过家家的游戏和角色扮演的游戏。

了解到这里，我决定和毛毛一起摆一个沙盘。在摆沙盘的过程中，我发现毛毛喜欢在游戏中把自己当作领导者，指挥我配合他做所有动作，如果我申请自己的想法，他会马上拒绝。

而在沙盘摆放中，下面的蛇、蜈蚣都是毛毛先拿的。在拿的期间，毛毛嘴巴里一直在给我提要求，让我把奥特曼放在哪里，让我把南瓜放在哪里。当我在沙盘中没有理解他的意思，摆错位置时，他会非常不高兴地大叫：“不对，不是这里，你是笨蛋！”但说完后，又偷偷看我，好像很内疚的样子。

从这点上我已经判断到他在学校应该会比这样的反应激烈，因为初次见到我，还会比较收敛，如果和我很熟悉的话，也许就会有攻击行为了。最后我和他一起合作摆出下面的场景，他起名叫《恐龙》。

### 案例分析：

和他进沙盘治疗后，我又和毛毛的妈妈进行了深度的沟通，了解到他在学校里也会控制其他孩子的行为，如果有人不听他的指挥毛毛就会打他们。

当我们看到某个孩子打人时，孩子肯定不会无缘无故做出某种行为。有些是因为愤怒，有些是因为语言表达不准确，但在现实生活中，只要发现有孩子打人，很多成人都会第一时间跑过去制止，因为打人会伤害到其他孩子，所以成人认为无论在什么情况下都应该禁止孩子打人。这样也会导致，当成人看到孩子打人时会斥责打人的孩子或者对他说教。成人会花上几分钟的时间向孩子解释为什么打人是不对的以及为什么其他孩子不应该被打。其实大多数情况下打人的孩子都能认识到自己做的事情是不对的，而明明知道不对却为什么屡教不改呢。

大部分孩子是因为自控力不够，也有部分孩子是故意的行为，为了引起关注或发泄心中的怒气。

毛毛和我一起摆的沙盘

## 成长策略

当孩子出现了打人的行为，先将孩子之间的距离拉开，我们不要着急斥责和说教，我们先感受下孩子为什么会有这种行为。

对于经常打人的小朋友，我们需要思考几个问题，并给予正确引导：

1. 这孩子通常是在什么情况下打人?

2. 是什么引发了他的这种行为?

3. 一般谁是受害者，有没有共同点?

4. 他打完人会有怎样的行为表现?

作为成人，这些才是值得我们深思的问题。弄清楚孩子打人的原因，才是解决问题的关键。

当着他人的面批评和责怪打人的孩子并不是可取的办法。应该及时带孩子离开当时的环境，然后和他慢慢聊，弄清楚他的心理动因，并给予正确引导。

# 案例8：拥抱的魔力

♂ 男孩4岁

## 案例描述：

还记得我在北京某幼儿园当园长时发生过一件令我很难忘怀的事件。

那是一次在小班做公开课的时候，我在做审查工作，刚好走到了这个班里，我们的老师在给孩子们讲绘本《我爸爸》，讲到后面老师问孩子们："你们的爸爸都有什么本领呢？"孩子们络绎不绝地说着：我爸爸会做饭、我爸爸会搭帐篷、我爸爸会把我举高、我爸爸会……

这时突然有个稚嫩的声音说："我爸爸会打人，他每次都能把妈妈打个包……"

我仔细观察，闹闹（化名）他一脸稚嫩的小表情仿佛在炫耀爸爸的本领。整个气氛陷入了鸦雀无声的状态，老师这时也慌了，不知道如何接下去。老师用求助的眼神看着我。

我给老师做了一个拥抱动作，老师走到孩子面前蹲下来，轻轻抱住闹闹，待了一会和闹闹说："下次爸爸再打妈妈时，你就这样抱着妈妈，她就不会有包了……"

说完后就看闹闹的脑袋放在老师的肩膀上，默默地感受老师给他的拥抱。在旁边的我看到闹闹的眼睛里湿润了。想必抱他的老师早已潸然泪下。

### 案例分析：

关于家庭暴力，在我们社会教育和家庭教育中很少提及。有些时候孩子会经常目睹父母争吵，小到拌嘴，大到动手，大人们情绪失控时会忘记孩子的存在。从儿童心理的角度来看，孩子会自带归罪感，孩子会认为父母吵架是和自己有关，会认为自己不够好，才会让父母生气。这种情绪会持续在孩子的成长过程中，会伴随终身。

而目睹过家暴的孩子，不管是男孩还是女孩都会在自己愤怒时，想用同样的方式进行发泄。他们认为只有这样才最能表达出自己的愤怒。而不是用其他方法。

### 成长策略

作为父母，我们当然希望自己的孩子能够健康、快乐，在教育的路上家长都希望给孩子好的一面，一旦出现了负面的情况或情绪我们都习惯性回避，不知所措。其实，当负向情绪来临时，我们如何去面对，如何处理，这才是我们需要教给孩子的。

当你无法用言语表述时，就请你张开双臂，用心去拥抱，一个拥抱可以化解任何情绪，可以接纳很多事件。让我们用行动告诉孩子，负情绪，来吧。没关系，我接纳你。你可以有负情绪，想哭就哭吧。想发火就大声说出：我不开心啦！

当孩子出现负面情绪时，或孩子出现负面情绪后，引导孩子用言语表达自己的情绪，可以说：“妈妈，我生气了，你抱抱我吧！”“妈妈，我不高兴了！”说出来的同时，负面情绪也得到了释放。

# 案例9：改不了的吃手指习惯

♀ **女孩5岁**

## 案例描述：

今天认识了一个女孩，她叫洋洋（化名），初次见到时她穿着一件浅粉色的裙子，梳了两个小辫子，刚看见我时，还往妈妈的背后缩了缩，只露出一个小脑袋。

妈妈带她来的原因很简单，洋洋从周岁起就开始吃衣角、咬被角，后来经过大人的阻止，虽然不吃衣角、被角，但开始吸吮手指一直持续到现在，大人不管用了什么方法都无效。

经过了解，洋洋出生后母乳喂养不足，出生3个月就开始人工喂养，1岁半后交给外婆抚养至今，现在刚和父母一起住，但经常一个人玩耍。

## 案例分析：

吸吮手指是指儿童将手指放入口中进行吸吮的习惯性行为。对于小孩子来说，吸吮手指是一种常见的行为，也是正常的现象。心理学家弗洛伊德认为，0–1岁婴儿处于“口欲期”，喜欢通过口部（吸吮、吃喝、吃手等）来满足欲望。随着婴儿的成长，到了2岁以后，这一行为会逐渐地自行消失，但如果在幼儿期（3–6岁）仍然保留着吸吮手指的习惯，则应该视为一种心理问题。

很多家长发现儿童有了吃手指的习惯后，会用各种方法，如打手，涂辣椒水，缠创可贴。但这样的纠正方式往往会让孩子更想吃手。

上述案例中的洋洋，很显然是因为缺少父母的关爱，尤其是母亲的陪伴，也就是洋洋在口欲期没有得到满足，导致洋洋利用手指代替妈妈的乳房，取得安全感。有着这一行为的孩子，自己都不会知道这是自己来安慰自己的一个行为。对于家长，一味地纠正或惩罚孩子的行为，其结果也是可想而知的。

## 成长策略

对于爱吃手的孩子，家长们需要注意几方面，有时家长会认为孩子还小，不懂事，导致教育不及时。也有家长只关注表面存在的问题，忽视了问题的背后，孩子为什么会有这样的行为。还有一些家长会粗暴或不厌其烦地说教，这些都不能帮助孩子将行为改善。

对于缺乏安全感的儿童，我们更多要给足关爱和安全感，再来纠正他的行为。

但还有些儿童是因为压力过大导致的吃手行为，对于这样的现象，家长应该给予孩子更多的可以自由支配的空间和时间。

# 案例 10：如果别人打你，你怎么办

♂ 男孩 6 岁

**案例描述：**

明明（化名）是我最近新接的一个孩子。特别好动，很喜欢模仿武术、武打的动作，平时在幼儿园也是个爱搞恶作剧的小男孩。我教他学习能力方面的训练，记得有一次闲聊时，我问他胳膊怎么青了一块。

他看了一眼胳膊说：“某某小朋友打的。”

“呦，这是为什么啊，还动手了。”我好奇地问。

于是明明就跟我叙述了一段在幼小衔接班里，他的同学是如何欺负他的经历，同时还讲述了他是如何“回敬”给别人的。

我问他：“既然你都知道他打你是不对的，为什么你还要再打他呢？”

他提高了声音：“我爸说了，只要有人动手打我，就让我往死里打他。”他一边说一边演示，“他打我一下，我就打他十下。这样我也不吃亏，我还赢了呢。”

## 案例分析：

在学校这种小社会群体中，孩子之间肯定会出现一些冲突和矛盾，这就是生活的一部分。孩子的思维模式导致孩子无法处理冲突和矛盾，因为孩子都是以自我为中心思考问题的，再加上他们的语言能力发展有限和社会交往经验不足，这些都需要成人对儿童的正确的引导和帮助。

尤其是家长，当孩子受挫后，家长是孩子求助的对象，孩子在外面受了委屈，会在家长身上寻求心理上的安慰和解决方法。当家长教会了孩子用“以牙还牙”的方式进行社会交往时，孩子往往会在攻击性上获得成就感，而变得具有攻击性。这样也会给孩子带来更多的冲突和矛盾。因为大部分具有攻击性的儿童与其他小朋友的关系都较差，不能得到其他小朋友的认可，这对他们的心理会产生消极影响。

### 成长策略

当孩子在与小伙伴发生冲突时，被对方欺负了，家长首先要做的就是接纳孩子的情绪，给孩子关爱和温暖，如跟孩子说：“我知道你现在很委屈，我明白你的感受。”然后抱一抱，安静地待会。

当孩子情绪稳定时，再了解原委，面对泪眼蒙眬的孩子时，家长要保持冷静，也要避免一些暗示性的引导，如：“是他先动手打你的对吗？”这时，要鼓励孩子说真话。

并教会孩子说一些求救的话，例如：你做什么！老师快来！

# 案例 11：动不动就哭

♀ 女孩 4 岁

## 案例描述：

培培（化名）是一个特别可爱的卷头发的小姑娘，长得白白的，第一眼看上去就像一个洋娃娃。

她妈妈带她来前和我说："我家孩子哪都好，就是脾气特大，动不动就哭，有时搭个积木，穿个袜子也会发脾气，大哭。就像昨天，她脱衣服，自己脱不下来在那起急，我看见了，就帮她把一只袖子拽出来，让她自己完成剩下的，结果她就不干了，躺在地上打着滚儿地哭。我和她爸爸在旁边怎么劝都不行。最后她躺在地上哭了半个多小时，我又把衣服给她套上了，让她自己脱，她才罢休。我就是想让您帮我看看，我家孩子是不是心理上有什么问题。"

培培看见我后，非常热情地和我打招呼，她身上穿的是一件可爱的公主裙，北京 4 月份这个季节外面虽然热，但室内还是有些凉的，看着她身上的纱裙，我问她，你冷不冷？她用手摆弄了一下裙摆跟我说："不冷。"很显然，她对我关注她的裙子非常满意。妈妈跟我说是她自己坚持要穿，然后悄悄做了一个动作，告诉我，因为这件裙子，她又发脾气来着。

我看着培培，跟她说："你今天是为了见我穿得这么漂亮吗？"

她害羞地用牙齿咬着下嘴唇，点点头。

我说："你这件裙子特别漂亮，我非常喜欢，穿在你的身上也非常好看。不过如果你因为特意给我展示这件裙子生病了，我会非常难过的。如果你非常喜欢这件裙子，非要现在穿，可以在里面多穿几件衣服，这样你就不会生病了。"

培培听完后睁大眼睛看着我，看了很久，然后对着我说："老师，我喜欢你。"

### 案例分析：

培培这种情况在我们日常的家庭中应该非常普遍，很多孩子都有过这种情况，不管是自己能做的事情被打扰，还是不会做的事情做不好等，孩子好像都会用这样的方式来表达，让家长感觉，好像孩子除了用哭来"要挟"就不会别的了。

那么孩子为什么会有这种行为表现呢？首先，当孩子无助时，就会本能地哭泣，哭泣如何变成了要挟的行为表现，更多是因为家长的"负强化行为"导致的，如孩子一哭，作为家长本能地看不下去孩子哭，觉得自己很残忍，孩子很可怜等情绪就一一上来了。这时家长就会满足孩子的要求，不管是给买东西还是像上述妈妈一样，让孩子再重新脱一次衣服。

这些行为在孩子眼中都会认为是用哭闹行为换取回来的，而不是通过正向积极的沟通获得的，我们就管这样的模式叫"负强化行为"。

很多时候，孩子哭闹的行为是因为孩子得到这种刺激的信息后，就会不断条件反射地使用同样的方法在索求。这也是我们为什么说教育孩子时要积极正面的，而不是负向的强化。

### 成长策略

当孩子再次出现哭闹现象时，建议成人先冷处理，不要强调他这样的行为，但也要“硬下心”，而不是即刻满足孩子的需要。我们更多时候是要用我们的行为和方法教会孩子如何处理和面对生活中的困难和意外。

当孩子哭的时候，家长可以尝试与孩子进行沟通“我看着你这么哭，其实我很难受，如果你觉得你委屈，你就再哭一会儿，如果你觉得你生气你就说出来，等你平静了，我们就去做XX事情。”一方面是要和孩子产生一种共情，能够理解他、接纳他的行为，另一方面又要告诉他，这样做没有任何意义，不会满足你的需求。

# 案例12：磨磨蹭蹭的小豆豆

♂ 男孩 6岁

## 案例描述：

记得有一次我去某学前教育机构参观，走到一个班级时，发现大部分孩子都在一口接着一口地吃饭，看着很香。这时我发现一个男孩，坐在那看着面前的饭菜，好像很不感兴趣，他拿着筷子扎扎冬瓜，又用勺子舀舀蛋汤，但就是不往嘴里放。老师发现后跟他说："豆豆（化名）你再不吃饭菜就要凉了哦。吃凉的饭菜你的肚子会不舒服的。"同时老师走过去鼓励他一口一口地吃。

豆豆看着老师的动作，老师要是拿着筷子或勺子，好像要喂他似的，他就做好准备，两眼放光，仿佛等待他的是一个非常期待的仪式。可是老师一旦放下餐具，只是用语言督促他吃饭时，他便无精打采，手里拿着餐具漫不经心地戳着食物，也不往嘴里放。

我看见后走过去悄悄地和他说："宝贝，你马上要上小学了，在小学大家都是自己吃饭，这样可以节约时间，可以留出更多的时间做游戏或看书呢。"豆豆看了看我说："在家里，都是我奶奶喂我吃，从来都不用我动手。”说着便生气地把手交叉在胸前。

老师走过来悄悄跟我说：“您不知道，他平时做什么事情都特慢，如果要不帮忙他不知道能耗到什么时候呢。他家老人可惯着他了，生怕饿着，冻着，在家吃饭满屋子追着喂，都这么大了也是一样。我们有时快收的时候会喂他两口，要不他就一口都不吃。”

### 案例分析：

上述这个案例很明显是一个典型“皇上病”的孩子，导致这种状况发生的根本原因就是长辈的过分包办代替。每当孩子出现磨蹭、不乐意的现象时，家长就会不自觉地去“帮忙”，这种“帮忙”让孩子形成了一种思维模式：反正我不做，总会有人帮我去做，我不用着急。

而教师的行为模式虽然和家长相比会有些变化，但是最后的本质还是一样的效果，孩子都没有自己吃饭，而是喂的。很多教师和家长都会习惯一手包办，因为孩子做事磨蹭，拖延时间，也不会收拾得很整齐。为了节约时间，为了不让自己再收拾一遍，大部分成人都会帮助孩子做一些事情。这样的行为只会让孩子更加不去完成自己的任务和该做的事情，直至成年后都会有拖延的行为。

## 成长策略

通过不少案例都可以发现，儿童动作慢的问题都是有原因的，家长很多时候无法做到耐心地引导儿童，遇到原则性问题时经常妥协，导致儿童做事磨蹭、拖拉，此时家长应该严肃起来，告诉孩子："这是你自己力所能及的事情，能够自己完成的，我不会去帮你完成，希望你尽快把这件事情做好。"坚持几次后，孩子就不会再有等待家长帮忙的心思了。当发现孩子有进步时，家长也应该积极鼓励、适当表扬，让孩子体验进步的成就感。

美国儿科权威人士詹姆斯博士曾经告诫过家长："处处对孩子包办代替，这不是在帮助孩子，而是在坑害孩子。"作为成人，我们都是从幼年时期过来的，应该更能理解把幼儿作为一个独立完整的生命去对待是多么的重要。孩子可以从中获得成就感，增强独立意识，受益终生。

# 案例13：班里最小的小朋友

♀ 女孩 2岁4个月

**案例描述：**

前几天在网上给一位家长解答，孩子到底多大上幼儿园合适时，让我想起曾经在幼儿园带班时，带过一个年龄特别小的孩子。我刚接她时，她刚满2岁4个月，她叫婷婷（化名）。

婷婷刚来时，第一天没有哭，第二天下午开始好像才反应过来，开始哇哇地哭，一哭就是一星期。当时我们都在想，家里怎么会忍心让这么大的小宝贝来幼儿园。后来发现，父母离异，只有妈妈自己带着婷婷，而妈妈平时白天要上班，不能照顾她，老人又不在身边，没办法只能送幼儿园来。

因为我带的是混龄班，婷婷是班里最小的小朋友，我和其他老师多少会从心里多偏向她一些。但发现每次婷婷在早上来的时候都会哭得很伤心，但一进班级里就跟没事人一样，脸颊上还挂着大颗的泪珠，就开始拿着玩具去和其他小朋友一起玩了。但第二天早上一来，又开始哭哭啼啼地，直到进了教室，又马上进入正常状态，好像刚才哭的人根本就不是她一样。

## 案例分析：

很多孩子在一开始上幼儿园时都会有分离焦虑的现象发生，这是婴幼儿焦虑症的一种类型，是指婴幼儿因与亲人分离而引起的焦虑、不安或不愉快的情绪反应。也就是，婴幼儿和某个人产生了亲密的情感关系后，又要与之分离，从而产生的抗拒、哭泣、伤心与痛苦。

我们常说的分离焦虑一般分为三个阶段。

第一阶段：反抗——号啕大哭，又踢又闹；

第二阶段：失望——仍然断断续续哭泣，变得没有那么吵闹，表情迟钝呆滞，不爱搭理他人；

第三阶段：超脱——接受别人的照料，也开始正常吃东西、玩玩具等活动，但是看见最亲的人时还会悲伤。

很多家长都会担心孩子上幼儿园一开始的分离焦虑，但这种分离焦虑并不是所有孩子都会有的，有些安全感高的孩子就会更容易接纳新的事物。

当然，很多心理实验已经告诉我们，父母自己带的孩子可以得到更好的教育和建立安全感。婴幼儿时期也是让母亲与孩子建立感情的最好时期。在这个时期和孩子有了情感，陪孩子一起互动，一起玩耍，孩子才可能与母亲形成亲密的关系，并把这种与母亲的依恋关系保持一生。

## 成长策略

当孩子出现分离焦虑时，家长先要保持冷静，大部分孩子有分离焦虑情绪是因为他们认为父母会抛弃自己，失去了安全感。家长可以在孩子上幼儿园前和孩子说：“你长大了，就像爸爸妈妈上班一样，要去幼儿园，但是，爸爸妈妈还是爱你的，你去了幼儿园，我们也会非常想你的，晚上下班会以最快的速度赶过去接你。虽然那里没有爸爸妈妈，但是有老师和同学陪着你玩，他们也会很喜欢你的。”

在孩子上幼儿园之前，家长更需要做到的是学会放手，你的不放手会让孩子认为这是一场生死离别的场景，你的不舍得会让孩子的安全感降低。只有自我感觉良好，孩子才会感受到稳定和安全。当一个人安全感越低，就越容易出现焦虑的情绪，容易产生防范心理，逃避社交活动，不愿轻易相信别人。

# 案例14：戒不掉的动画片

♂ 男孩 3岁

## 案例描述：

浩浩（化名）是一个很活泼的小男孩，家长都会觉得他有多动症，整天坐不住，不管是在家还是在学校上蹿下跳的。父母的工作比较忙，浩浩日常一直都是爷爷奶奶照看。两个60多岁的老人，照看他很多时候手忙脚乱，两个老人看浩浩也是筋疲力尽，他们对浩浩的标准就是：只要不调皮，想怎样都可以。

平时在家里浩浩最安静的时间就是看动画片。只要一看动画片，他就可以在电视前面坐上半天，爷爷奶奶看见浩浩也有这么听话老实的时候，就放任他随意看，只要不调皮，想看多久都可以。

但是很快浩浩就到了上幼儿园的时候了，大部分小朋友很快度过了入园的焦虑期，而浩浩因为过于迷恋动画片，每次来园都要求放动画片，没有动画片就会哭闹一整天，也会到处乱跑。如果老师放了动画片，浩浩就可以安静地坐好，如果没有放动画片，就会自由活动，不是跑在活动区躲起来，就是跑到一边玩某个东西，老师上课提问，也不怎么回答，但回家也能背诵给爷爷奶奶听。随着年龄增长，这种无意识记忆的能力开始减退，而他对动画片的依赖仍然没有减少。表现出的行为越来越不合群，越来越夸张地索要看动画片的权利。

### 案例分析：

现在的电视、电脑、手机的动画片或游戏在生活中都无法避免不让孩子接触，当成人忙于工作或怕孩子打扰时，都会让孩子看动画片打发时间，一方面可以让孩子老实地待着，另一方面可以利用动画片，帮家长“看住”孩子。有了动画片，再淘气的孩子也会安静。

而这种教育模式，会让孩子对动画片形成一种依赖心理，一旦到了幼儿园没有动画片，就像婴儿断奶一样，同时也类似戒成瘾性行为一样痛苦不堪。长期看动画片等电子设备还会影响儿童对纸面文字的阅读，会造成儿童的视觉障碍，儿童坐在电视机前，不用思考，也不用想象，因为电视从声音、图像到节奏都是设定好的，儿童只需要被动地接受，长时间看电子设备也会影响儿童的智力发育。

## 成长策略

当孩子对动画片或游戏依赖越来越高时，家长首先要自我觉察几方面：1. 是否平时纵容孩子看视频类节目或游戏；2. 是否在看不住孩子的时候主动要求让孩子看此类节目；3. 家长自己是否经常看视频类节目。

当作了一个简单的自我觉察后会发现，孩子很多行为都是出自于模仿成人，成人首先要做到以身作则，再来要求孩子。也可以在平时多借助故事，进行引导。一旦要求的事情，一定要坚持原则，不留余地。

# 案例15：不愿写字的缘由

♀ 女孩 6岁

## 案例描述：

茵茵（化名）是一名马上就要上小学的小姑娘，看上去她乖巧、聪明，但最近茵茵开始出现一个新的情况，就是不写字，老师上课教过的字，让写一行，她就坐在位子上看着别人写，除了写字，其他课程，她都积极互动，踊跃回答问题，可一到写字方面就不动笔。

妈妈带着茵茵来到工作室后，我和她做了一个沙盘，她在沙具架旁站了许久，始终没有拿下一个沙具，最后，她用手在沙盘上画出了下文中的图。

## 案例分析：

当儿童徒手使用沙盘进行创作时，更多是与本我潜意识的一种深层的连接。

在我与她进行沙盘互动的过程中，她一直在和我说，她在学校里非常受欢迎，老师和同学特别喜欢和她在一起。但当我准备要拿一个人物沙具时，她却阻挠了我，说沙盘上不能有人。这一行为其实也表示出，她在实际生活中的社会交往关系并不像她描述的那样美好。

而我们继续在进行沙盘游戏时，她用双手在沙盘上画画，边画边说："我要画一个美丽的小花，就像我一样漂亮。"由此也可以看出，她对自己的外貌很满意及有自信。而她在双手作画时，发现她两手动作不协调，单手无法绘画出完整的圆形。她反复操作后，将圆形擦掉，直接画出一堆小花瓣。

通过这一动作，能判断出该儿童的运笔能力极弱，在正式书写之前应该没有做过系统的运笔练习，我又让她在沙盘上写下自己的名字，发现她可以写出自己的姓名，但是笔顺是错误的。这也说明她不写字更多原因是因为她的运笔练习没有做好，导致一上来书写就出现困难，慢慢地就越来越不愿意写字。

## 成长策略

很多儿童在学龄前，尤其是大班或学前班的年龄，都不愿意书写，一方面是要排查儿童是否从幼儿时期进行过运笔练习，如拿勺子就是最初期的运笔练习，正确拿勺子的方法就是正确拿笔的方法，很多家长会在儿童拿勺子时期忽视了这一问题。再慢慢过渡到涂鸦、握笔、画图形、笔画笔顺等，最后才可以让儿童进行书写汉字。

所以，书写汉字不是上来就让儿童练习书写，而是要进行一系列的运笔笔画能力训练，让儿童慢慢适应用小肌肉带

茵茵的沙盘作品

动笔进行书写。上述问题重点就在于家长不了解儿童不愿意书写的真正想法，而是误认为儿童有心理问题，从而忽略了对儿童的行为引导和系统训练。

# 案例16：他不乖，为什么还说我

♀ 女孩 4岁

## 案例描述：

豆豆在幼儿园是一个乖巧可爱，严守规矩的孩子。一次小朋友们在午睡，豆豆旁边的明明一直哭闹着不肯睡觉。

一开始的时候，豆豆对他说："明明睡觉，明明不哭。"但是明明没有听，依然哭得很厉害。老师也在哄，但是明明依然哭着。

就在这时豆豆突然拿起明明的手猛咬了一口，咬完后还说："叫你哭，咬你，你再哭。"这下明明更加大哭大闹了，老师马上把他们分开，问豆豆："豆豆你怎么咬人呢？"可是豆豆还振振有词："他不睡觉，还哭，他不乖，咬他。"说着就委屈地哭了。一边哭一边说："是他不乖，是他不乖。"

## 案例分析：

对于四岁的儿童来说，语言能力还有限，社会交往能力也匮乏。经常会因为正当的动机而做了不恰当的行为。当老师批评自己时，自己却不知道错在哪里，这时就会有很大的委屈感、愤怒感。

所以，要教给儿童一些简单的社交技巧，例如：如何正确告诉别人什么是基本原则，同时又不伤害别人。最重要的其实还是提高孩子表达与沟通的能力。

### 成长策略

家长在家可以用情景模拟的方式来进行提高社会交往能力的练习，有些孩子很容易因为说不清楚而采用攻击性的行为，这也是孩子缺乏社会交往技能的表现。而对于此类儿童，家长也要教会儿童正确的表达方法。

# 案例17：爱管闲事的乖乖女

♀ 女孩 4岁半

## 案例描述：

大部分家长都希望自己的孩子能言善辩，看到语言表达能力强的孩子都会比较羡慕，但也有一些家长，因为自己孩子的语言表达能力较强，也让做家长的比较头疼。

小鱼（化名）就是这样的一个小姑娘，她和大部分孩子一样，很喜欢上幼儿园，据妈妈说，每天从幼儿园回来，都可以叙述幼儿园里发生的事情，如：今天睿睿没吃青菜，老师说他了；朵朵玩了一个玩具很久了，还不让给其他小朋友等等。一开始家长还觉得孩子可以学舌，在幼儿园不会吃亏。但是慢慢地发现，小鱼不光能学舌，还多了管闲事的毛病。

老师反映每天都可以听到小鱼在给不同的小朋友告状，不是明明没坐好，就是皮皮不听话。老师有时会处理一下，有时会分散小鱼的注意力，但是不管是用什么方法，小鱼就是喜欢管闲事。

## 案例分析：

在这个案例中，小鱼的情况在生活中可能很多孩子都会有，越是比较乖巧的孩子，越容易告状。这是什么原因导致的呢，其实是和儿童道德体验有关，像 3–4 岁的孩子很容易受到成年人的暗示，只要大人说这是好的或自己认为有兴趣的，那都是好的。4–5 岁的孩子已经掌握了生活的一些道德标准，并且开始注意别人对自己的关注点。也开始关心别人的行为是否符合道德标准，例如：上述案例中的小鱼，在家学舌时，受到了父母的夸奖，到了幼儿园后，一开始老师也会夸奖或表扬她，所以慢慢她为了获得更多的表扬就不断地管闲事。

而 5–6 岁的孩子道德的发展水平已经开始趋向复杂和稳定了，对是非、好坏有了比较稳定的认知。同时会开始关注某个行为的动机，而不是单纯地从结果来进行判断。有些时候他们知道没有被满足的原因后就不再责备或认为不好，所以家长最好用讲道理的方法进行说服。

## 成长策略

有时候孩子管闲事是因为他们觉得自己有这个能力去管理或控制这个事件，也有些孩子是因为同理心去管，比如自己曾经在某些方面受过委屈，或不被理解，看到别人这样后就想去帮助。对于这种情况来说，家长们要耐心倾听，接纳并帮助孩子疏导他们的情绪，再一起商量解决办法。

# 案例18：你为什么要拿别人的东西

♂ 男孩 5岁半

## 案例描述：

蒙蒙（化名）是一个马上要上小学的男孩，这个年龄段的男孩都会对玩具充满了好奇，只要走到小卖部或玩具店就走不动路了。

蒙蒙也不例外，但在这个年龄段的时候，很多孩子都会控制不了自己喜欢玩具的欲望，有的会出现“偷”的行为，而蒙蒙来我这里就是因为这个原因。

蒙蒙爸爸说前几天，他给蒙蒙整理衣服时发现，蒙蒙的口袋里多了一个小玩具，这个玩具不是爸爸买的，爸爸问蒙蒙谁给的，蒙蒙随口就说是爷爷给买的。当时爸爸也没当回事，第二天，爸爸路过小区的小卖部时，小卖部老板叫住了爸爸，给他看了一段监控，没想到就是自己儿子在小卖部拿玩具的录像，爸爸当时觉得特别耻辱，想找个地缝钻进去。他赶紧付了钱给人家，然后就回家了。他实在没想到自己的儿子居然去偷人家玩具。

晚上，爸爸再一次问蒙蒙之前的玩具从哪来的，蒙蒙还说是爷爷给买的，爸爸非常气愤并打了蒙蒙，蒙蒙最后说了实情，就是喜欢那个玩具。但之前和爷爷说过了，爷爷说这样的玩具家里很多了，但是自己还是喜欢，就顺手拿了一个放兜里。

此时爸爸心里又生气又着急，家里确实同类的玩具特别多，但是，如果孩子坚持要买，那也不可能不买，为什么非要偷人家的东西。

### 案例分析：

在 5–8 岁这个年龄段，很多孩子都会因为喜欢某样物品产生了占有的心理。我们从行为上来看确实在“偷”，而这种“偷”和我们平时称的小偷是两个概念。

在这个年龄段孩子把自己喜欢的玩具放在口袋里或拿回家，更多时候是没有建立起物品的归属概念。

孩子看见喜欢的、好玩的东西，都想归为已有，一方面是因为家长平时在家都以孩子为中心的想法和行动影响着孩子。时间久了孩子就会认为只要是我喜欢的就应该给我，如果不给我，我就自己拿。这种想法需要家长在家庭教育中统一思想，统一教育方法。并不是所有孩子喜欢的东西都要及时满足，这就说到了第二个方面——延迟满足。

很多家长都习惯在第一时间马上满足孩子的需求，这也导致了很多孩子都不能等待，只要多等一会儿就会发脾气。延迟满足是指一种甘愿为更有价值的长远结果而放弃即时满足的抉择取向，以及在等待期中展示的自我控制能力。很多成功人士都是因为延迟满足感较好才会取得最后的成功。

## 成长策略

很多家长怕自己的孩子有这样的问题，就会给孩子买很多东西，就是怕自己的孩子拿别人的，而实际上，应该少一些物质方面的奖励，多一些言语上的夸奖、鼓励和肯定，家长与孩子之间多一些肢体接触，如拥抱。让孩子减少对物质的渴望和喜好。

在平时用餐时可以训练孩子的延迟满足，如孩子喜欢吃鸡蛋，在吃阳春面时，故意将鸡蛋藏在面的下面，等孩子吃完面后再发现鸡蛋。著名的“棉花糖试验”就是训练孩子的延迟满足。

# 案例 19：管不了的“人来疯”

♀ **女孩 5 岁**

**案例描述：**

大家都知道有些孩子在家淘气、霸道，一出家门就变得乖巧、内向。但是也有一些孩子在家乖巧、内向，一出家门变得“人来疯”。而萱萱（化名）就是这么一个出门就变成“人来疯”的小姑娘。

萱萱的这种“人来疯”，有时会让父母觉得颜面扫地，萱萱爸爸和我说，一次他们带萱萱去参加爸爸下属的婚礼，作为公司的领导萱萱的爸爸要在婚礼现场发言，新郎是萱萱爸爸的下属，还特意邀请萱萱作为小花童。这本来是一件非常美好的事情，结果萱萱到了会场以后，马上就变成了另外一个样子：兴奋、欢呼雀跃、大喊大叫。一会儿去碰搭好的香槟塔，一会儿抢司仪的麦克风说话，一会儿又上蹿下跳跪在地上模仿各种动物的叫声，一会儿又拽新娘的拖尾裙……

当时的场面几乎失控，爸爸和妈妈上前制止她，她就会闹得更加厉害，最后爸爸非常生气地打了萱萱，萱萱就躺在新人走的红地毯上哭。让爸爸觉得在这次婚礼上他的颜面在整个公司都丢光了。

## 案例分析：

现在很多孩子都是独生子女家庭，虽然很多家庭有了二宝，不过大部分80、90后的父母都是独生子女家庭，平时全家人围着孩子转，无限制地满足孩子的一切要求，就会导致很多孩子都会“以自我意识为中心”,孩子心里觉得自己的地位是至高无上的,而且已经习惯了这种待遇。

但是，当我们带着孩子出去的时候，父母的关注点发生了转移，把主要精力放在其他人上面了，对孩子的行为和心理状态没有平常那么关注，孩子一下就从一个众人瞩目的状态变成了不起眼的陪衬，这会让很多孩子的心理落差很大，所以大部分孩子都会通过任性、不听话、“人来疯”等方式引起自己的父母或其他人的关注，其实就是想告诉父母：“我这么明显，为什么不关注我。”

上述案例中萱萱的做法，一方面是寻求关注，另一方面家长也要反思，是不是平时没有给孩子灌输为他人着想的同理心，我们都知道4岁以后的孩子已经能够分清楚你我，对别人的感受也应该有相应的理解。例如：一次我在幼儿园上班时，我家的宠物狗死了，我当时非常伤心，在给孩子们讲故事时，提到了狗，我就控制不住地哭起来，当时幼儿园的孩子们都是中班的年龄，很多孩子就会问，孙老师你为什么哭了？我告诉他们是我家狗死了后，他们恍然大悟，还有些孩子做出安慰，说不要难过，可以再养一只或说先不读关于狗的故事。

这些行为都是同理心的表现，而案例中的萱萱显然在婚礼现场没有进入这个状态中。所以，当孩子出现“人来疯”状态时，家长们先要思考是为了吸引关注还是另有其他目的，对孩子来说接触不同的场合也是一种新鲜刺激的感受，如果孩子总是在父母眼中是中心的话，就自然认为自己也是客人眼中的中心。

## 成长策略

为了避免孩子有“人来疯”现象，父母平时要多给孩子与外界接触的机会，多与陌生人交往，减少看见陌生人时的新鲜感。当家里来客人时，让孩子多和客人接触，学会问好和打招呼，让孩子懂得待客之道。

家长不要急于改变孩子“人来疯”的状态，因为直接说会让孩子觉得没有面子，反而导致孩子用极端方式回击父母的说教，从而产生逆反心理。为了改变“人来疯”的情况，家长可以尝试和孩子一起玩一会儿，减少孩子戒备的心理，再有针对性地进行沟通，而不可以只要求孩子改正错误。

# 案例 20：为什么就是记不住

♂ 男孩 4 岁

## 案例描述：

在生活中不知道各位有没有碰到过这种情况：你跟孩子说一件事，如把放在学校的彩笔拿回来。不管你说多少遍，孩子答应得好好的，但是转脸就忘了，每次回来一问，告诉你“我忘了”。时间久了，就会怀疑孩子是不是耳朵有问题，或者故意不听自己的话。

我带过的一个孩子，丁丁（化名）就是这样的类型。每次妈妈嘱咐什么，他好像都记不住，如妈妈带他去超市买菜，妈妈告诉他一会儿到收银台时，让他把自己要的食物放在柜台上。到了收银台，丁丁又忘了要做什么。好几次丁丁的这种举动把妈妈气坏了，为了这件事还打了他，但是丁丁依然记不住，依然需要别人提醒才可以完成。

## 案例分析：

很多孩子在 4 岁左右的时候对时间概念还没有建立完善，所以他们对于已经发生的事情可以大概知道，对于明天或者将来要发生的事情是没有什么概念的。所以，一般我们对孩子说明天你要做什么什么时，很多孩子无法理解真正的意思。

这样也就会导致孩子无法记住将来要做的事情，并不是孩子故意不做或生理器官有问题。

儿童在早期记忆时属于形象记忆阶段，就是根据具体的形象来记忆各种事物。例如：问孩子今天在幼儿园谁没来？孩子会说明明没来，但是事实上今天明明来上幼儿园了，而是在昨天或前几天都没来，他只记得明明没来，所以他就觉得是今天明明没来，这就是孩子现实与想象很难区分，来臆想创造出来的记忆。

而孩子记不住话的情况，几乎每个孩子都会出现，只是部分孩子表现得很明显。这也和孩子的有意注意的时间长短有关。

一般，孩子一出生就会有注意了，但是这种注意不受孩子大脑控制，是一种先天的定向反射，我们叫作无意注意。具体表现就是平时几个大人在聊天，孩子在旁边玩，但是孩子可以把大人聊天的内容告诉其他人，让家长认为孩子在听“贼话”。4 岁左右的孩子有意注意还不是很稳定，还需要成年人有计划地向他们提出需要完成的任务和要求，帮助他们提升注意力。

### 成长策略

当孩子 3 岁时，注意力可以集中 5–10 分钟左右，4 岁可以集中 10–20 分钟左右，5–6 岁集中 15–30 分钟。所以，不断接受注意力训练的游戏可以提高儿童的有意注意。而且每一个孩子的学习类型是不同的，当我们让孩子记住重要的事件时，尽量要利用孩子自己的学习类型，进行深一步的强化记忆。有些孩子是靠视觉学习，有些是以听觉为主，还有些是靠触觉，家长需要判断孩子的学习类型后再进行学习的教授或信息的有效传递。

# 案例21：幼儿园里的“小霸王”

♂ 男孩 3岁半

**案例描述：**

接完上午的咨询后，让我想起来，我曾经在幼儿园时带过的一个孩子，他特别能吃，体重超重，而且来园的时间都比较晚，每次都是在快收早餐时他才来，原因很简单，因为他起不来，这时大部分小朋友已经吃过早餐开始进行区域游戏了，他还在吃早餐，转眼间他已经吃了三个小肉卷了，但是还在举手管我要肉卷。我走过去告诉他：“我们中午还有很多好吃的呢，现在吃饱啦中午就该吃不下了。”

他不太情愿地放下餐具后慢慢悠悠地去盥洗室，到了盥洗室后，他并不着急洗漱，而是一会儿冲小朋友做鬼脸、吐舌头，一会儿又从背后拍人家，还向区域游戏中的小朋友吐口水。而每天区域游戏的时间都是固定的，我看见他这样就告诉他：“你要动作快一些了，要不到时间就不可以玩区域游戏了，而且你要向别人道歉，你干扰其他小朋友的活动了。”但是他不以为然，嬉皮笑脸地边擦嘴边玩。

不一会儿，就过了区域游戏的时间，每个区域都有小朋友在里面进行游戏，现在唯独剩下了“图书区”还有空余的位子。可他就像没看见一样，拿着自己的进区卡就直接奔向自己喜欢的科学区，他看见区域的位子满了，就把别的小朋友的挂牌摘下来换成自己的。有一个小朋友告诉他，这里已经满了，让他去别的区域玩，他听到后大喊：“我就要玩，就要玩！我已经把我的挂牌挂上了，现在就是我要玩。”说着把鞋脱在区域外面不肯从区域里出来。直到现在想起我都还觉得这个孩子的行为很有“霸气”，为什么他这么“唯我独尊”呢？

### 案例分析：

3-4岁的孩子开始进入自我意识为中心的时期，有些孩子最明显的表现就是“自私”，不管什么都说“这是我的”“我要玩”，不顾忌别人的感受，是自己喜欢的、好的都要占为己有。很多孩子在这一时期时，家长往往都觉得孩子还小，不懂事，让着点孩子，时间久了就会对“独占”习以为常，认为这都是应该的。认为凡事必须听他的，如果不按照他的想法做，就会发脾气，大吵大闹。

而这一时期的孩子也会根据个人喜好，进行人际关系的沟通，例如：孩子喜欢小汽车，当孩子送给妈妈生日礼物时就会选择小汽车，因为他认为这是最好的礼物。有很多家长不理解孩子这一行为，经常会有嫌弃的表情或语气，让孩子觉得没有自信。

当儿童没有和父母建立良好的依恋关系，在心理方面的独立会迟缓一些，此时孩子学习关心他人、理解他人的过程也会很困难。如果孩子无论做什么父母都认为不行并阻止他，或者对于孩子努力的成果不给予肯定反而冲孩子发火，孩子就会感到被父母嫌弃，就会认为“这世界上除了我自己没有人再对我好了”。这种以自我为中心的想法就会更加强烈，这样的孩子为了保护自己的东西，就会不停地说：“都是我的！”

而有些家长又过分地照顾孩子，这样的孩子在儿童乐园、幼儿园等场所参加活动时会感到很难适应，因为孩子以为别人都会迎合自己的心意，但实际上并非如此。而对于这样的孩子来说，那时候让他再去谦让和关心别人就更不可能了。

## 成长策略

大部分家长和孩子一起玩玩具时，都是以孩子为中心的，这时家长也可以表达自己喜欢玩什么样的玩具，向孩子要求让妈妈先来挑选玩具。这样在游戏过程中，培养孩子的延迟满足感，一并让孩子学会谦让。

# 案例22：清醒的时候还尿床

**女孩 5岁半**

## 案例描述：

最近有个家长写信给我，说自己的孩子上了幼儿园，在上幼儿园前想象了各种不顺利的情况，但是有一点没有想到，就是孩子从10月底开始突然说自己不想去幼儿园了，早上开始哭闹，中午在幼儿园午睡的时候在清醒的时候还尿床了。问了老师原因，发现她与班级其他小朋友午睡的时候不按时睡觉，说去上厕所，但是在楼道里来回跑，老师由于担心孩子们穿睡衣在楼道里跑着凉，所以就批评了她们。从那次开始，孩子就因为睡不着，又真想去厕所，所以就默默地在床上小便。

但是令家长头疼的是，孩子自从那件事之后，每天中午都会在床上小便，孩子明明很清醒的状态，但是还是控制不了自己的行为，有时老师特意让她去小便，她到了厕所尿不出来，但是回到床上没一会儿又尿了。

## 案例分析：

大部分儿童尿床是因为同伴或成人对待其尿床的方式引发出的问

题。3 岁左右的孩子开始在意他人对自己的评价，一旦做错事被别人批评就会表现出脸红、躲避等行为，这是孩子通过表情表露出的羞愧感。而 5 岁左右时，孩子面对羞愧不会再躲藏，而是将痛苦的情感体验内化，出现自责的心理。

## 成长策略

如果是因为上述案例出现的尿床行为，建议家长通过这三步缓解儿童的尿床行为。

首先，从孩子角度思考问题，已经被老师批评过了，再有想小便的行为也不敢说，所以并不是故意尿床，而是怕被批评而不敢去上厕所。

其次，与学校统一作息时间，我国的幼儿园大部分要求中午午睡的，如果不午睡，有些幼儿园是无法保证有足够的老师看孩子，所以告诉孩子，每个小朋友都要午睡，如果实在睡不着就安静地躺着，每个人也都会大小便，就像吃饭、洗澡一样正常，如果实在憋不住尿床了也没什么。

最后，多和老师沟通，让老师和家长一起来缓解孩子在“尿床”这件事上面的紧张情绪。由批评、当面批评、当面谈论这件事，改为当孩子的面不提及尿床这件事，并给予及时的理解与引导。

# 案例23：袜子的特殊意义

## ——对家长的依恋心理

♂ 男孩 5岁半

### 案例描述：

最近接到一位家长的电话，她说她的孩子最近将她的丝袜都塞到裤裆里偷偷带到幼儿园，中午午睡时老师看见了将丝袜从被子里拿出来，发现床上还有几条丝袜。

于是妈妈带着孩子来到了工作室，我让孩子摆一个沙盘。20分钟后，男孩摆好沙盘，当我让他给沙盘起名的时候，他走近我悄悄问我："老师你喜欢穿丝袜吗？"

我问他："这就是你要起的名字吗？"

他看着我说："不是，我就是喜欢丝袜。"

"那这个沙盘的主题和丝袜有关系吗？"

"我也不知道，就叫随便吧。"他说完后就凑过来，很想坐在我的腿上，跟我说："老师，你喜欢穿丝袜吗？"

本案例中五岁半男孩摆放的沙盘

我说："你很希望我穿丝袜吗？"

他说："嗯，我喜欢丝袜，但是，我妈妈不喜欢我这样，所以，我只能偷偷地拿丝袜。"边说边做出悄悄拿丝袜的动作。

### 案例分析：

当我们在看到此案例中这个沙盘时，可能第一眼映入我们眼帘的就是这些蛇。而蛇在沙盘里的象征意义也有很多种，在这个案例中，蛇更多的是象征一种和母亲的关系，后来和孩子妈妈谈话得知，妈妈和爸爸虽然没有离婚，但一直处于分居状态，而妈妈一个月看孩子一次，平时孩子都住在奶奶家。孩子每次偷拿的丝袜也都是妈妈的丝袜，也有奶奶平时穿的袜子。

对于孩子来说，迷恋丝袜是因为觉得丝袜摸起来滑滑的很舒服，而通过沙盘也可以看到该儿童的秩序感也较为混乱，没有整体的思路和想法，只是随意得摆放出自己喜欢的物品。而在摆放的物品中，也是没有一定方向性，这都可以说明孩子渴望有人陪伴和关注。

## 成长策略

很多孩子在自己的意识中总是希望家庭和睦，但现实无法满足，所以，孩子就会借用某些道具，有的是袜子，有的是手绢，来寻找最依恋的人身上的味道，大部分是妈妈的味道。这种味道有时会让孩子一直固定在某一个点上，有时会被其他行为替换或补偿。但不管怎样，孩子一旦出现了特殊的问题，我们第一要反思的是：是不是孩子对家长的依恋心理没有得到满足。

# 案例 24：我到底从哪里来

♂ 男孩 6 岁

## 案例描述：

很多父母都会有这么一个尴尬时期，就是孩子在问自己从哪来的。金刚（化名）最近也开始研究上了这个问题，他最近总是问妈妈：“我到底是从哪里来的？”妈妈每次回答都说：“你是从妈妈肚子里出来的。”但是金刚还是拉着妈妈不放，非要看看从肚子哪里出来的。

这让妈妈比较尴尬，妈妈就指着肚脐眼和金刚说，看见没，你就从这里生出来了。金刚看着妈妈的肚脐眼，怎么也不明白自己怎么从这小小的肚脐眼里出来的，所以还在不断地追问：“妈妈我是怎么从肚脐眼里出来的？我刚出来的时候到底有多小？”金刚的问题让妈妈不知道怎么回答。为此妈妈还特意买了一本关于我从哪里来的绘本书籍，但是给金刚讲完后，他还是追着妈妈问，自己是从哪里来的，这下妈妈就烦了，有时不耐烦地说，你是我捡的。

这回，金刚不问妈妈从哪里来的了，开始问，我亲生的父母在哪，为什么你们捡了我，我是不是孤儿？难怪你们有时对我不好，都是因为我是孤儿……妈妈这下真不知道怎么回答好了。

### 案例分析：

关于回答儿童性方面的问题，我们很多家长都会觉得难以启齿。其实作为老师，每次给孩子们讲类似的话题都会把这件事当作刷牙、洗脸一样正常的事情来说。越是平常的语气，平常的状态，孩子了解后就越不觉得神秘，而且以后也不会再问。

大部分中国家长会觉得和孩子提性很羞耻，如果家长是这种想法，那么到了孩子的青春期就会非常好奇和想探究。我们其实都是性的产物，性就要平常，普通地说出来，孩子就不会那么好奇和刨根问底了。

### 成长策略

曾经我给孩子上过一节课就是婴儿的诞生，我把它做成小书的样子，第一页画着一个婴儿在子宫里第一个月的样子，就是一个胚胎。然后慢慢地长成孩子的模样，我先拿起这本书坐在桌前翻阅，没一会儿一个小孩过来问我，你干什么呢，我就告诉他我在看我是怎么来的，后来他就和我一起看，再后来一群孩子和我一起看，看过之后也没有孩子再问他到底是怎么来的了。

现在也有很多教育视频，也可以让孩子观看，性确实是很害羞的事情，但性不是耻。当你把它当平常事讲给孩子的时候，孩子反而就不好奇了。

# 案例25：把“死”挂嘴边

♂ 男孩 4岁半

## 案例描述：

乐乐（化名）是个非常可爱的小男孩，平时都是开开心心的。最近乐乐经常会和妈妈说：“妈妈，我不想某某去世。”“妈妈，死了是不是就再也看不见了。”妈妈一开始以为乐乐是对死亡的恐惧和焦虑，但发现当他和其他小朋友一起玩的时候，别人不满足他的要求，他就会大声说：“你再不让我玩，我就拿炸弹给你炸死！”

妈妈和老师及时纠正以后，发现这种情况越来越明显，动不动就会说让谁谁死，把谁谁炸死或烧死等。变成了每天都会把“死”挂在嘴边的孩子了。

## 案例分析：

这个年龄段的孩子很多时候都喜欢用死来表达对谁的憎恨，也同时恐惧自己喜欢的人死掉。

但是这里的死其实并不是代表孩子就真的想让谁怎么怎么死掉，更多是为了发泄心中的怒火，那么孩子为什么喜欢说“死”之类的词语呢？

因为我们每个人的心理能力，心理学名词叫作“力比多”，这是由它来主导的。这个“力比多”同时还有两个极端表现我们叫作“生本能”和“死本能”。

不光是孩子，我们成人也是一样的，例如：“生本能”强的人更多就喜欢表现、表演。“死本能”强的人喜欢破坏、毁灭、喜欢身体的撞击。这里的生本能与死本能每个人身上都有的，没有好与坏之分。

## 成长策略

如果孩子在某个阶段突然喜欢用这种方式发泄，那么最好的方法就是让他去运动，大量的疯跑，休息的时候带着他去个公园，找个空旷的地方去奔跑，多跑几次，等他通过疯跑的方式发泄出内心的情绪之后，他慢慢就不说了。

# 案例26：总被别人欺负

♂ 男孩 4岁

## 案例描述：

在幼儿园里，有些孩子霸道，有些孩子内向，性格内向的孩子，家长难免就会担心孩子在幼儿园或外面受到欺负，小宇（化名）的家长每天就会担心孩子在幼儿园有没有被欺负。

已经在幼儿园上了一年的小宇，每次从学校回来都会负伤，不是脸被挠了，就是手背有抓痕。一开始父母都觉得孩子之间玩闹在所难免，但时间长了，发现小宇总是挂彩回来。起初父母去和老师反映，让老师多照顾。可是没想到过了一段时间，小宇依然是挂着彩回来。

有时虽然小宇身上没有受伤，但是爸爸会问："今天在学校有没有被欺负啊？"小宇点点头，也不说话。这样的行为会让爸爸更加焦虑，于是爸爸就给小宇报了很多跆拳道、武术等防身兴趣班。但是小宇在那里不管是出拳还是踢腿都软绵绵的，爸爸看完后着急地拍着腿说："怎么生出这么一个杵窝子。"

## 案例分析：

在上述这个案例中，首先要和家长普及一个概念，就是什么是被欺负？

在人类没有进入社会文明时，我们都是以原始社会交往方式进行的，例如，小区里我们经常看到两只小狗见面就叫，见面就在相互攻击。但从动物心理学角度分析，其实它们并不是打架，而是友好地想一起玩。作为高级动物的人类也是一样，当我们还没有被社会化的时候，我们的交往模式就是一种原始状态，孩子之间尤为常见。

如果是岁数较小的孩子，他们的社会交往模式还没有形成，不管是欺负人的还是被欺负的，如果孩子自己没有觉得很过不去，那么大人只作为一个正确示范即可，没必要特别焦虑。

如果是较大的孩子，如5岁以上的孩子，还是出现了会欺负或被欺负，我们更多的时候会引导孩子自己想办法。如有的孩子希望比他强壮的孩子不欺负他，他就会和他讲条件，如玩什么之前还讲你能不能不打人之类的条件，那个孩子同意后他们再愉快地玩耍，玩耍期间那个孩子违规，就要退出游戏。

## 成长策略

当我们的孩子在和同伴交往时，难免会有让成人觉得不舒服的时候，有时可能是觉得孩子被欺负，不管是否真的被欺负，我们更多是要分析出为什么孩子真的被欺负而不说，或者他不知道与同伴如何交往、相处。大部分孩子之间相处时的“被欺负”是家长的一种投射，你认为有了不公平的待遇，你觉得自己的孩子受了委屈。不管孩子之间如何处理，建议家长们不要太直接或过多地卷入进去，他们有能力将问题自己解决的，相信你们的孩子。

# 案例 27：讨厌去幼儿园

♂ 男孩 3岁

## 案例描述：

小宝（化名）今年三岁了，去了一天幼儿园，第二天早上就开始哭着说不去幼儿园，不管大人怎么劝都不行。而且哭得更加伤心。但是妈妈觉得还要坚持送去，于是虽然小宝每天哭得嗓子都哑了，但是还是坚持送去幼儿园。

可是一个月过去了，小宝依然每天早上都哭着说不去幼儿园，妈妈问他为什么不喜欢去幼儿园时，小宝开始说：“因为幼儿园里的饭不好吃，因为还要午睡，因为没有动画片……”

## 案例分析：

孩子在刚入园的时候会有一些分离焦虑的情绪，但是据我的观察发现，大部分刚入园的孩子分离焦虑的情绪是受家长影响的，家长越焦虑，孩子哭得越严重。

我在70个孩子中间做了观察，家长如果面带微笑，情绪轻松地离开，孩子的焦虑情绪基本也就 5-10 分钟左右，基本上是看见老师和同学后就消失了焦虑情绪。而家长越是不舍得，频繁与老师面对面沟通、发微信等，孩子越不能平静下来。因为他会感受到强烈的危机，好像幼儿园是什么不好的地方，所以，家长们在孩子入园前先调整好自己的状态和情绪。

## 成长策略

有些已经上了幼儿园很久的孩子依然哭着不想去。大部分这样的情况是以下几种原因造成的：

1. 家里过于舒服，他没有束缚，很自由。在学校里必须按时吃饭和午睡，让宝宝有了束缚感。小孩子不爱吃幼儿园的饭可能是家里的饭菜做得太细致了，也可能家里的饮食比较单一。那么在幼儿园里是什么都得吃，比如宝宝不爱吃胡萝卜，在家里撒个娇就可以不吃了，但是在幼儿园就不行。

2. 学校里是否发生了一些他认为不愉快的事情。如有的孩子看到老师说了别的孩子他第二天就不愿意来，因为他觉得下一个就会说他了。

3. 家长是否和他沟通去幼儿园时给他一种被抛弃的无助感。很多家长都会在无意状态下和孩子说：我也没办法啊，我也不希望送你去幼儿园啊，但是你必须要去啊。类似这样的话，孩子听了后内心会非常恐惧幼儿园，会有很强烈的无助感。

当孩子出现了不爱上幼儿园的情况，家长可以根据以上回答排查一下孩子到底是什么原因不想去幼儿园。

# 案例 28：含在嘴里的饭

♂ 男孩 6 岁

## 案例描述：

有些家长因为孩子吃太多犯愁，也有些家长是因为孩子吃饭挑食偏食犯愁，但还有一部分孩子，既不挑食也不会吃太多，唯一一个问题就是吃饭慢，慢到饭在嘴里，他们好像有时都会忘记，能含在嘴里半小时。

丁丁（化名）就是这么一位小朋友，看上去外表干净整洁，和别人说话也井井有条。但是只要一吃饭就特别慢，经常把饭含在嘴里就不动了。

在家里，奶奶每次看见丁丁那个样子，就要过去喂两口，虽然都已经上学前班了，但是在家里奶奶还是习惯给丁丁喂饭。只要妈妈一回家，看见奶奶喂饭就不让，为了这件事，妈妈和奶奶的婆媳关系也曾经陷入一段冷战期。

就这样，妈妈在家时要求丁丁独立吃饭，但这饭一吃就一两个小时，丁丁就是含着一口饭不往下咽，超过四十分钟，奶奶就受不了了，要给丁丁喂饭。而在学校也是，丁丁吃饭不但非常慢，而且也含着饭，老师如果不管他，他一顿饭就吃一两口，剩下的都不吃，甚至有时中午午休的时候，他嘴里还有一口饭，这让老师也非常头疼。

### 案例分析：

看了上述案例，大家也许猜想到了，丁丁嘴里老是含着饭不咽，这个举动是和家长从小喂他吃饭有很大关系，如果孩子老是喂养，不是自己主动吃饭，肯定就会不着急，边吃边玩。

家长要先了解清楚孩子不肯吃饭的原因：

（1）有些孩子是因为缺乏安全感，借不吃饭来引起家长的关注，这种情况家长就应每天抽一定的时间与孩子在一起活动，让孩子获得安全感。

（2）还有些孩子是因为行为习惯不好，那就不要勉强或要求他必须吃饭，干脆让他离开餐桌。不过要做到，在下一餐之前，除了温开水之外，不给孩子任何食物，而且下一餐还是要求他按时就餐。如果孩子真的饿了，一定会好好吃饭的，这种方法能够把孩子的饮食习惯调整过来，达到进食的目的。

## 成长策略

家长可以以自己的情绪、行为感染孩子，影响孩子。家长进餐时要改变自己的一些不良的习惯，如边看报纸边吃饭，边聊天边吃饭等不良习惯。应以良好的情绪、适当的速度吃饭，给孩子起一个榜样作用。

从生理因素来看，孩子含饭一般都是食欲不好，要解决食欲的问题。食欲不好的原因有两种：1. 消化不良，多吃帮助消化的食物。2. 有可能缺锌，导致味蕾对食物的味道不敏感。所以，平时一是要增加运动量，促进新陈代谢，提升孩子食欲。二是日常给孩子吃清淡易消化的食物，防止积食，孩子积食后也是不爱吃饭的。

# 案例29：言语暴力

♂ 男孩 5岁半

## 案例描述：

还记得有一次我在幼儿园带班的时候，我们组织家长半日开放活动，所有的家长都来了，这次的区域活动，我们正好赶上捏彩泥的活动，鹏鹏（化名）拿着手里的彩泥，比画了半天什么造型也没有捏出来。鹏鹏爸爸看见了，气不打一处来，当着全班孩子、家长和老师的面劈头盖脸就给鹏鹏一顿批评："你怎么这么笨，真是丢死人了。你再不好好跟老师学，你就别回家了！"

被父亲这样一骂，鹏鹏握着手里的彩泥更不知道如何下手，他的眼里含着眼泪，将手里的彩泥捏成一团紧紧握在手里。这时，我和其他老师转移话题，让鹏鹏不再拿着彩泥，转换成其他活动。

自从这次以后，鹏鹏在幼儿园里再也没有去过美工区，再也没有碰过美工区里任何物品，而且他如果看见了别的小朋友进美工区，还会跑过去将其他小朋友做好的作品破坏掉，还和其他小朋友说："你们再来美工区玩，我就烧死你们！"

## 案例分析：

在上述案例中，我们可以看到鹏鹏爸爸对儿子的羞辱，很有可能扼杀了一名未来的艺术家，而且增加了孩子暴力行为的概率。我们经常想到的暴力是殴打、体罚等造成人肉体伤害的行为。而往往忽视了最轻松出来，最普遍、广泛的言语暴力。当孩子的行为及表现离成人期望值相差甚远时，就不免会无意中使用言语暴力。

大部分中国的孩子是在呵斥声中长大的，很多孩子都清楚地记得老师、父母、同学是如何用言语伤害到自己的。

著名作家三毛小时候因为数学成绩不好，挨老师的责骂和批评，自卑而且敏感的她患上了自闭症，在自己的房间里一待就是七年，再也不愿意去学习。直到成年后，三毛回忆起来还是心有余悸。

## 成长策略

言语的冷暴力很容易影响青少年儿童的性格成长，可能会导致孩子出现退缩性人格或性格暴躁，并带有攻击性。当我们非常生气时，尽量克制，也可以先让自己的情绪得到正确发泄，如离开当时这个场，出去溜达溜达，在另一个房间安静地待会儿等。尽最大努力减少对孩子的言语伤害。

# 案例30：衣着颜色的奥秘

女孩 4岁

## 案例描述：

最近新认识了一个新孩子妞妞（化名），第一次见面时非常腼腆，缩在爸爸妈妈后面不肯出来，来到工作室后20多分钟，才慢慢从父母后面走出来，瞧瞧这，瞧瞧那。

经过父母的介绍，原来的妞妞非常开朗，爱说爱笑的，可最近一段时间，老是缩在角落里不肯出来。我在旁边观察了一段时间，发现妞妞的穿着颜色很深。

我问："最近家里有什么事情发生吗？"

妈妈和爸爸两人面面相觑，回忆了老半天说："没什么事啊，特别正常。"

"平时，孩子的衣服都是自己要求穿哪件吗？"

妈妈回答："是啊，她自己可知道爱美了，但每次选的衣服颜色'特村儿'，自己还挺喜欢的。"

"今天来这里的衣服也是她自己选的吗？"我见今天妞妞穿的是深

棕色的上衣，深蓝色的牛仔裤，一双普通的黄色运动鞋。

妈妈说："是她自己选的啊。"

我看了看妈妈问："您的工作是做什么的？"

妈妈说："我是一名医生，最近医院里特别忙，我还得准备述职报告。"

我看了看面前这两位，会心一笑："您家孩子没心理问题，回家给她换上颜色鲜艳亮丽的衣服，她就不发蔫儿了。"

## 案例分析：

上述案例中的孩子正好处于颜色敏感期，她们会特别喜欢鲜艳的衣服、玩具，别看这小小的选色，这对孩子的心理状态和情绪起了非常重要的调节作用。

不同的色彩给人带来不同的心理感受，这点我们都清楚，我们可以利用这一特点给孩子进行心理调节。例如：容易紧张、遇到一点小事就退缩害怕的孩子，可以多让他接触大自然中的绿色。当孩子生病时，一定不要给孩子穿白色服装，应穿一些充满阳光、活力的颜色，当然也不要太过浓烈，如淡粉、淡紫、浅黄等。当孩子脾气暴躁时可以穿一些蓝色的衣服。当孩子性格内向，没朋友时，穿一些黄色的衣服。

上述案例中的妞妞，就是因为父母工作忙的原因，导致忽视她的着装色彩，而妈妈又好久没有洗衣服了，把妞妞平时爱穿的衣服都放在洗衣机里没有清洗，孩子没有合适颜色的衣服穿，导致妞妞对自己突然不自信。

## 成长策略

孩子喜欢的色彩可以揭示孩子的性格和心理的状态，家长也可以巧妙地利用色彩帮助孩子拥有更好的性格，处于颜色敏感期的孩子特别喜欢红、黄、蓝、绿这类鲜艳的颜色，这对孩子眼睛的发育也是有帮助的，而亮丽的颜色也可以调节孩子的心理状态和情绪，对孩子的大脑发育也是有益处的。所以，家长在给孩子选择衣服时，尽量和孩子商量后再做决定。尊重孩子的选择，并给予恰当的引导。

# 案例31：没有声音的威胁

♂ 男孩 3岁

## 案例描述：

在孩子年龄较小的时候，有些孩子哭泣会让很多家长担心害怕，这天工作室来了一家人，孩子很小，看起来活泼可爱，不知道是他们要咨询的主要问题是什么。这时爸爸缓缓开口："我们家孩子最近有一个毛病，只要一不开心就开始张着嘴大哭，但是他还不像别的孩子那种号啕大哭，他只张嘴不出声。"

我诧异地看了看他们，表示让他们具体说一说。孩子爸爸讲述了以下情况。

上周五晚上我们给他洗好澡躺床上，我在给他穿衣服的时候，他很不开心，"嗯哼嗯哼"地发声，他妈从他身边经过，没理他就走开了。我们都没怎么当回事，结果他妈一走，他突然大哭了起来，就是光张嘴不出声的那种哭，好几秒钟过去了，还没有哭出声，我当时吓一跳，把他妈从卫生间叫出来，我拉着他的手坐起来，接着抱起来举高，孩子还是那个样子，嘴巴张着没有声音。然后我又把他放下来，横抱竖抱，还是一样，这会儿发现孩子的嘴唇越来越黑，脸色发青，他妈摸小脚，小脚勾起来僵硬，我们当时都吓坏了，不断叫他名字。几分钟之后，孩子终于有微弱的声音哭出来了，两只眼睛盯着他妈看，把他妈妈心疼得抱着他哭了半天。过了好几秒钟孩子才放声大哭，这样我们才放心。

这次之后我们去医院看了看，医生说是要通过心理方面疏导才可以缓解。所以来您这里看看怎么疏导。

### 案例分析：

上述案例中的孩子症状叫作屏气发作，又称“呼吸暂停症”，是以情感因素诱发的发作性呼吸暂停为主要临床特征。此症最多见于2–3岁小儿。6个月以前和6岁以后发作者少见。屏气发作时，由于屏气导致高碳酸血症和脑缺氧，而且哭泣时脑血管收缩和继发性呼吸道痉挛，使心跳减慢引起血流量减少，最后出现昏厥及抽搐，严重者可出现短暂的意识障碍。短则半分钟到1分钟，长则2分钟到3分钟，多见于2岁以内的孩子。屏气发作是由于孩子受到情绪刺激或要求得不到满足以及疼痛等物理因素的刺激而出现的一种现象。

## 成长策略

在孩子屏气发作时，家长首先要学会急救方法：万一碰到这种情况，首先不必惊慌失措，最好将孩子平放在床上，解开衣领扣，保持呼吸通畅；轻吹孩子的脸部，以减少脑缺氧；拍打足心或后背；用手指掐按孩子的人中（鼻孔和上嘴唇之间正中)、印堂(两眉只见正中)、合谷(两手掌虎口处)等穴位，使其尽快恢复；亦可按压胸部，可迅速改善缺氧的状况，帮助恢复呼吸。切忌将孩子紧紧搂抱强屈成团，特别是不要搂住孩子的脖子，以免造成窒息的严重后果。

防止孩子出现屏气发作，关键是清除引起精神紧张的各种因素，协调家庭关系，创造宽松环境。对孩子既不要溺爱，也不能过于训斥。对其缺点要耐心教育，尽量避免给孩子造成情绪上或者身体上的强烈刺激。如果出现这种情况，家长最好带孩子到医院检查，在医生的指导下进行治疗。

# 案例32：我被妈妈绑起来

女孩 6岁

**案例描述：**

今天工作室来了一个小姑娘，看起来乖巧可爱，梳着两个马尾辫，大大的眼睛滴溜溜转，和她一起来的还有妈妈。看着她和妈妈手拉手坐在沙发上，动不动还说些悄悄话，两人相视而笑，我是怎么也不能把下面的照片和这个孩子联系在一起。

下面这幅画是孩子在幼儿园里画的，放在书包里，妈妈发现后，问她这是谁。她说这是她自己。妈妈问："你怎么这样了？"

她看了妈妈一眼不说话，后来妈妈去学校时，老师和妈妈讲述，孩子在学校画完这幅画时说的是妈妈把她绑起来，扔在了床上。

可是妈妈从来没有做过这种行为，所以，妈妈带着她一起来做亲子咨询。

在咨询过程中，女儿眼睛一直都在妈妈身上，当我提出要女儿自己去沙盘室参观时，女儿一直看着妈妈，妈妈说："你看我干吗，你想去就去吧。"这时，女儿并没有起身，而是又看了妈妈一眼，不说话。

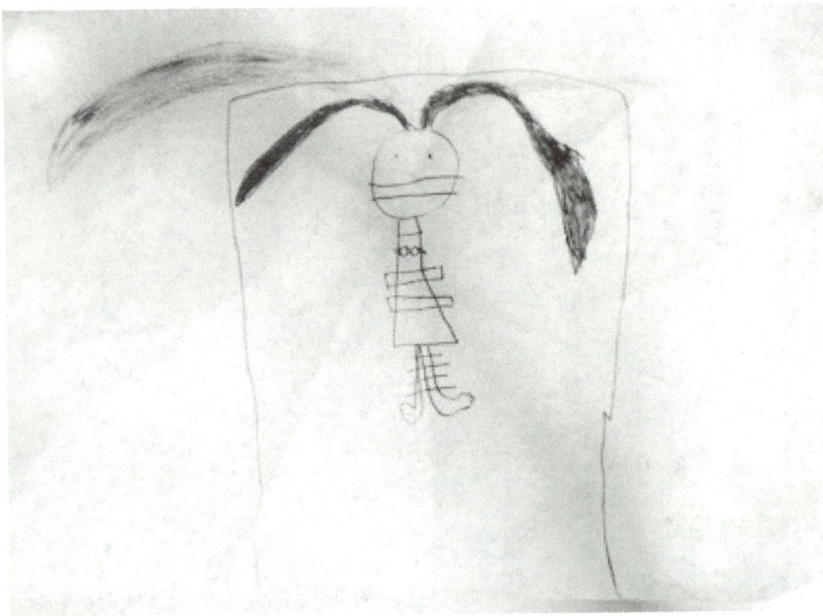

案例中6岁女孩的作品《我被妈妈绑起来》

## 案例分析：

这个孩子不是现场作画，是妈妈特意将画带过来的，在咨询过程中，该儿童情绪稳定，和母亲的关系也并没有明显的矛盾和冲突。但当我单独和女儿交流时，明显感受到女儿被母亲控制的一种压抑。例如：她说，妈妈让我学古筝，妈妈说女孩弹古筝好。当我问她："你自己喜欢古筝吗？你自己想学吗？"她低着头说："我也想学，妈妈说学古筝好。"像这类型的谈话在整个咨询过程中占了大部分。

再通过这幅画，能够看出孩子自己的无力感很强，行动力较弱，在咨询过程中妈妈也会提到，女儿做事拖拉，每次都得自己催着赶着才能完成。通过孩子画的人物的小眼睛可以看出，母亲对女儿的关注，尤其是面部表情方面的沟通也不到位。这也是为什么妈妈并没有做出绑女儿的行为，女儿却画出来，因为和妈妈的沟通一直不顺畅，妈妈对女儿的好，在女儿眼中却已经变成了绑架。这就是我们平时所谓的情感绑架的最典型的代表。

## 成长策略

在孩子学龄前阶段，很多家长还会觉得孩子小，不懂事，所以不放手，而孩子因为年龄小，无法感受和表达自己内心的状态，所以也没有反驳。而恰恰是这样的一个模式导致家长误解孩子喜欢自己给她的一些安排。建议家长平时多通过面部与孩子沟通、交流，以减少亲子间的隔阂，也可以通过绘画了解孩子内心的一些说不出来的感受。

# 案例33：沉默的佳佳

女孩 5岁

## 案例描述：

不知道你们有没有发现，有些儿童在家里还欢蹦乱跳的，一到了外面连话都不说一句，佳佳（化名）就是这样的孩子，在幼儿园里一天都不说一句话，也不跟其他小朋友一起玩，常常一个人独自玩些小玩具。当别的小朋友想跟她一起玩时，她不愿意就会摇头摆手，也不说话。一开始老师都以为佳佳有语言障碍，其他小朋友也认为佳佳不会说话。

根据家长反映，佳佳在家里和熟悉的亲友面前有说有笑，言语自如，和在幼儿园简直就是两个样。父母也曾带佳佳到医院进行过脑功能等测试，并无发现异常，医生建议从心理角度入手，因此，家长找到我想解决佳佳的这种情况。

## 案例分析：

上述案例中佳佳的症状我们称为选择缄默症，是指已获得语言能力的孩子，因为精神因素的影响，在某些特定场合保持沉默不语。如在学校里不讲话，但在家里讲话。这种心理问题多在 3–5 岁时起病。

一般这种症状是由什么方面引起的呢，给大家简单介绍一下：

### 心理障碍

最早选择缄默这种个案研究都是将问题指向家庭因素或难以解决的内心冲突，如父母过度保护等方面。但最近研究认为选择缄默和抑郁症密切相关。选择缄默应该被称为儿童社会恐惧症，选择缄默的儿童和成人社会恐惧症患者有很多共同特点。

### 行为障碍

一些行为学家认为，选择缄默是一系列被加强的消极的学习模式所造成的行为问题，是一种“以拒绝说话作为巧妙应对外界环境的惯常反应”。其实，缄默状态是儿童处理与所处环境之间相互关系的一种行为表现。行为专家认为，儿童的沉默行为是功能性的，主张不良的外界环境是这种状态持续存在的维持因素。因而患儿的这种缄默状态是一种适应行为，而不是病态行为。

### 智力发育障碍

还有些专家认为，选择缄默和智力发育障碍有关，与妊娠或分娩疾患相关，常合并咀嚼吞咽障碍、运动协调障碍及睡眠障碍。焦虑症状可能为认知困难引起，比如，工作记忆障碍容易导致焦虑症状。在完成超过认知能力的认知任务时，儿童个体工作记忆可利用的资源匮乏，焦虑随之加重，于是采取妥协方式（消极的，不说话）完成任务。然而选择缄默儿童通常不存在认知能力低下，研究显示选择缄默儿童和对照组儿童的认知功能没有明显的差异。

### 言语或语言障碍

有研究发现，选择缄默儿童存在言语或语言障碍，研究证实，选择缄默儿童开始说话的时间明显晚于正常儿童，而频繁搬家或转换学校，可以诱发选择缄默，因此，选择缄默不应仅仅是一个语言问题。

## 成长策略

选择缄默儿童的治疗方法不是单一的，更多是综合在一起进行改变和治疗，常用的方式有以下几种：

### 心理治疗

这是最早应用于选择缄默的治疗方法，目前仍广泛应用。心理学家认为，选择缄默是一种心理疾患，是社会恐惧症的一种表现类型，躯体或精神创伤是选择缄默的根源，主张精神分析，心理治疗。心理治疗以缓解儿童的内心冲突为主要目的，强调个体化治疗，具体方法有心理暗示、心理辅导、精神分析法、认知疗法等。心理医师从个案研究及经验，认为心理治疗是有效的，但心理治疗是一个长时间过程，个案研究无法摆脱选择缄默自然康复因素干扰。

### 行为治疗

行为治疗是心理治疗的一种特殊形式。选择缄默是一种行为障碍，常发生于有社会焦虑症、非常害羞的孩子，因此需纠正行为方式。研究证实行为治疗有显著疗效，新研究显示行为治疗可以帮助患儿调节情绪，克服急躁和焦虑，纠正处理问题的行为模式。常用的方法有正性强化法、负性强化法、脱敏法、录像自我模型法等。

## 家庭治疗

包括家庭教育和家庭游戏。家庭教育目的是改善不健康的家庭环境和家庭关系，加强家长对选择缄默的认识，给儿童创造一个适宜的家庭环境，改善家庭关系，减少粗暴的呵斥，增加善意的鼓励，如儿童主动与客人交流（包括眼神、手势、躯体姿势、言语等交流方式）时给以适度的鼓励，不强迫儿童说话；也可以做一些家庭游戏，邀请儿童的朋友、同学和老师来家中做客，同儿童一起做游戏，让儿童在熟悉的环境中，同他们进行交流。不鼓励儿童使用其他的方式交流，但是也不能反对，以免增加儿童的焦虑，应及时诱导鼓励儿童交谈。来客由熟悉到陌生，由少到多，最终，儿童在学校接触到的人都是自己熟悉的人，而忽略学校是一个陌生的环境。

## 学校和社会环境的参与和支持

给儿童创造一个良好的环境，多鼓励儿童讲话，不取笑其言语障碍，不恐吓捉弄等。在学校组成以老师和部分同学为主的帮助小组，告诉他们配合医师治疗的重要性，了解儿童情况及治疗特点，多与儿童交流，不强求儿童言语应答，鼓励儿童各种形式的回应。课堂上：最初鼓励儿童参与集体回答，回答人数逐渐减少；鼓励儿童单独和老师交流，提前准备要回答的问题，然后小范围内由儿童单独回答，老师或同学们用言语诱导、提示、配合儿童回答问题，逐渐将范围扩大。

# 案例 34：突然的抽动

♂ 男孩 6 岁

**案例描述：**

近期，曾经的幼儿园同事和我提到一个孩子，说她们学校里有个小朋友，在学习各方面表现都不错，也是一个比较有主见的孩子，可是不知道为什么，大概一年前左右这孩子出现无缘由不自主眨眼现象：在老师提示批评下，孩子眨眼现象可以控制一会儿；当老师离开时，眨眼又增多；情绪紧张时，眨眼更频繁。

开始时老师认为孩子眨眼只是学别人扮怪相，对其没有什么影响，和家长沟通后发现其在家也有这种情况。

两星期前，这孩子在家时与小区里其他孩子发生争执、打架，被他父亲责骂。约 10 天前，这孩子在幼儿园没有任何征兆地出现躯干、四肢不自主抽动，每次持续 2 分钟左右，抽动时孩子意识清醒，面色无发绀，无口吐白沫，睡眠时无抽动。老师联系到家长带其去医院检查，未发现异常，但抽动症状无减轻，医生建议进行心理干预。

## 案例分析：

上述案例中这孩子的情况一般称之为抽动症，抽动症是指局限于身体某一部位的一组肌肉或两组肌肉出现抽动。表现为眨眼、挤眉、皱额、咂嘴、伸脖、摇头、咬唇和模仿怪相等，多见于5岁以上的儿童，男孩多于女孩。

习惯性抽动的病因较多。有的起始时，由于某些部位的不适感，产生保护性或习惯性的动作而固定下来，如：眨眼动作，可因眼结膜炎或异物进眼引起；皱眉、皱额可因戴帽过小或眼镜架不适合引起；摇头或扭颈，可因衣领过紧等引起。以上原因排除后，动作本身虽已失去合理性，可是由于在大脑皮层已形成了惰性兴奋灶，因而可反复出现抽动动作。

此外，模仿别人的类似动作、心理刺激和躯体性疾病，也可以诱发本病。常见的心理刺激因素有：（1）受惊吓，如突然受到狗的袭击，过马路时几乎被车压伤等；（2）慢性焦虑不快，如父母不和，父母长期生病，母亲又生了孩子，分散了对患儿的宠爱等。常见的躯体因素有：急性扁桃体炎、上呼吸道感染等一些急性病症。

## 成长策略

对于这样的儿童我们常用以下一些方式帮助缓解抽动现象：

### 心理转移法

临床观察发现，抽动障碍的症状在紧张着急时加重，放松时减轻，睡眠时消失。因此，当孩子抽动发作时，不要强制其控制，最好采用转移法，如发现孩子抽动明显时，可让他帮你把报纸递过来或做些轻松些的事。这样通过减轻由抽动带来的紧张、焦虑和自卑感，通过肢体的有目的活动而逐渐减轻和缓解抽动症状。

### 认知支持疗法

孩子常因挤眉弄眼等抽动症状而自卑，他们不愿出头露面，社交退缩。越紧张自卑，症状越严重，症状越严重就越紧张自卑，孩子在这种恶性循环中感到痛苦。如果此时父母还唠叨、过分限制、没完没了地指责，更是雪上加霜。所以，最好的办法就是打破恶性循环，在心理医生指导下，父母与儿童一起分析病情，正确认识抽动症状的表现，它就像躯体感冒发烧一样，是一种普通疾病，并不是坏毛病。逐渐增强孩子克服疾病的信心，消除自卑感。

# 案例35：永久留下的鞋印

♂ 男孩 4岁

## 案例描述：

孩子的天性就是好奇的，有一次我在小区里正好发现邻居家的睿睿（化名）和爸爸妈妈来奶奶家玩，这小区里正好有块是新铺好的水泥。周围围着一些小砖头，作为警示。当他们路过时，妈妈告诉睿睿："睿睿，这块地方刚铺了水泥，千万别踩啊。"话音未落，睿睿就抬起小脚，在水泥上留下了一个小鞋印。妈妈拉着睿睿说："你这孩子，让你别踩，你还非得踩，你怎么这么不听话，你看留下你的鞋印了吧，叔叔看见了就得说你。"睿睿看着自己的鞋印说："我想看看脚踩上去什么样。"

## 案例分析：

上述案例中，睿睿的行为其实是由于自身其发展特点所导致的，幼儿期的孩子进入了自主探索的阶段，这时，他们不仅对周围事物很感兴趣，同时也有着极强的好奇心，看到某些物品在自己的操作下发生变化，他们会从中意识到自己的力量，意识到自己和物体之间的关系，进而产生更强烈的好奇心。

受这种好奇心的驱使，也是为了证明自己的力量，他们就会不停地表现出所谓“捣乱”的行为。

## 成长策略

这时的家长应该告诉孩子要怎样做，我们经常会在生活中听到很多相反的话，如不要跑、不要摸、不要……，类似的话语只能让孩子感到困惑，从而更加激发孩子的好奇心。所以，家长要正确告诉孩子，你希望他做什么，如上述案例中，妈妈应该和睿睿说，那里在修路，我们应该绕着走。看看旁边有什么呢?

这样，孩子的注意力就会被妈妈的话语转移，同时也会发现新的事物进行探索。

# 案例36：不许夸别人

♀ 女孩 6岁

## 案例描述：

有一次我去幼儿园做教师培训，在中午休息时，一位教师告诉我，她们班有一个女孩特别“拔尖儿”，例如：班上的某个小朋友穿了件很漂亮的衣服来。老师夸那个小朋友：“今天你穿得好漂亮！”这时，这孩子就会在旁边着急说：“老师，我的衣服也很漂亮。”如果老师没有夸奖她的衣服漂亮。她就会将这个小朋友的衣服弄脏或划破。在日常活动中，老师要是夸其他小朋友画得漂亮或者积木搭得很高的时候，她也会去把人家的画抢过来撕碎或者将人家搭好的积木弄倒。

总之，只要看到别人做得比自己好，这位小朋友就会不高兴。并且会将别人的东西破坏掉。对此，老师也是想了很多办法。如老师常夸奖她，但是只要老师夸了别的孩子，她还是会生气，接着就会搞一些破坏，这让老师很头疼。

## 案例分析：

大部分孩子在进行破坏时，会有很多因素导致，就像上述案例中的这位小朋友，她的破坏行为就是嫉妒性破坏。孩子的自我调控能力弱通常以破坏性行为来宣泄情绪，当情绪受压抑后很容易反弹形成较激烈的外部表现。我们在小区里也会经常看见，有的孩子受了欺负，自己又缺乏辩解反驳的能力，就会采用破坏性行为进行报复。

上述案例中的这位小朋友，一方面当老师夸奖其他小朋友时，她就会嫉妒其他小朋友，认为只要其他小朋友没有这些东西，老师就不会夸他们了，所以才会采用一些破坏性行为。另一方面就是希望得到老师的注意，她认为这样做老师就会注意到自己，只是没有采取合理的方式进行。

## 成长策略

当孩子在家出现了上述反应时，家长应该关注孩子的感受，结合观察分析破坏性行为产生的原因。有些孩子是要引起成人的注意，家长就要多花时间进行陪伴。孩子如果是嫉妒别人，怕失去自己所拥有的优越感，家长应该鼓励孩子勇敢地面对竞争，增强自我意识，发现自己的长处。

# 案例 37：得不到满足，我就打滚

♂ 男孩 3岁

## 案例描述：

我们在生活中会发现，很多孩子在不被满足需求时就会在地上打滚，最近我就接了这么一个类型的孩子，他是幼儿园小班的小朋友，叫飞飞（化名），看上去他哪都挺好，但是妈妈说就是脾气特别臭，只要是他想要的东西，如果不给他，他就哭闹个没完。如果不理他，他就坐在地上哭，如果还不理他，他就会抓起玩具往地上摔。大部分时候老师和妈妈都斗不过他，只好让步。

妈妈告诉我，等事情过后再跟他讲道理，飞飞每次也都点头称懂得道理。但是妈妈发现一到要东西的时候他还是会用他惯用的方法先哭，再滚地，不奏效的话，就乱摔东西，脾气越来越坏。为了不让这种情况发生在公共场合，如公园、商场、餐厅，妈妈只好满足他的各种要求。

## 案例分析：

案例中，妈妈每次给飞飞使用的都是我们非常不建议的“负强化”，妈妈的满足就成为孩子乱发脾气的“强化物”，每次乱发脾气最后都可以得到想要的东西，飞飞就会越来越多的使用乱发脾气来达到自己的目的。

作为妈妈肯定也不是在孩子一开始乱发脾气的时候就马上满足他，但是飞飞会逐步升级，哭不行，就打滚，还不行就摔东西。这种激烈程度越高，妈妈就熬不住了，最终还是满足了孩子的要求，孩子因此就又学会了一招，不断升级。既然升级可以满足自己的目的，孩子肯定会一而再，再而三地使用此招。

妈妈虽然坚持了一会儿，但是没有坚持到底，这导致飞飞乱发脾气行为越来越夸张，甚至到了无法控制的地步。因为大人在孩子乱发脾气时使用了错误的应对模式，导致孩子不断地使用乱发脾气的方法达到目的。

## 成长策略

当孩子通过哭闹的方式来要挟家长以达到某目的时，家长千万不能失去耐心，如果满足孩子的不合理要求，孩子就会越来越用这样的手段。家长要在不自伤和不伤人的情况下，坚持自己的原则。家庭也要保持家庭教育的一致性，父母和长辈面对孩子的教育问题要统一意见和方式。

# 案例38："吹出来"的家庭

女孩 6岁

## 案例描述：

有些时候，我们知道成人之间为了掩盖自己的自卑会故意夸大事实，而这一技巧在孩子身上也可以淋漓尽致地体现，帆帆（化名）是一个聪明伶俐的女孩，对于马上就要上小学的她来说，在幼小衔接班里渴望表现得处处都是优秀的，这里的优秀不单是学习方面，也包括自己的家庭。

一次，她被同班同学邀请去家里玩，看见这位小朋友的家特别大，有好几辆车，家里还有保姆，玩具不但有很多种，还专门有一个屋子是玩具屋。帆帆看见以后特别羡慕，从那位同学家回来以后，帆帆在学校也开始说自己家有好几处房子，爸爸妈妈都开汽车上班。

后来在一次家访中，老师发现帆帆的家并不是像平时帆帆说的那样，就是一个非常普通的家庭，老师在与家长沟通后，家长非常生气地打了帆帆，告诉她说谎是不对的，但是帆帆并没有因此停止说谎，反而越说越夸张。

## 案例分析：

很多孩子都会有一种以自身为中心的思维定式，孩子们都渴望受到其他人的关注，一旦这种要求得不到满足，孩子就要使用在成人看来非常幼稚可笑的办法来争取。上述案例中的这种说谎多见于那些虚荣心强或者有自卑感的孩子，这种错误的产生，多与成人的教育不当有关，所以，家长在平时要多加注意。

帆帆是去了同班同学的家后，才开始说谎的，说明她的内心是一种自卑，怕别人知道同学的家这么好，反而不喜欢自己而产生的说谎行为。作为家长如果只是在一味地追求物质享受，就会让孩子有一种只要拥有的东西好，环境好、硬件条件好，就会受到所有人关注的心理。

## 成长策略

当孩子有了这种行为，家长首先要反思是不是自己给了孩子一种只追求物质享受的观念或错觉，从而孩子开始撒谎。家长需要坚定地告诉孩子：“我不喜欢你这样说，明明不是这样的。”家长自己也要做到不说假话，说到做到，言行一致，表里如一。同时，也可以通过故事等为孩子树立榜样。当孩子说谎严重时，应给予一定的惩罚。如取消游戏时间，拿走最爱的玩具等。最关键的是给孩子有耐心地讲道理，说清楚，不可以一味地批评、言语责骂，甚至是打骂。

# 案例39：故意做出的气人行为

♂ 男孩 3岁

## 案例描述：

很多家长可能都会有过一种情况，孩子之前都挺乖的，可是自打上了幼儿园以后，反而还没有以前乖了，甚至很多行为都是故意气人的。有些家长之前还逢人就会夸奖自己的孩子多么听话，不淘气。

结果上完幼儿园就变成了一个淘气包，由爸爸妈妈带着来的安安（化名）目前就处于这种状态下，妈妈一进来就和我抱怨：“这孩子怎么越大越不听话了。早上我刚帮他穿上鞋子，他趁我一不注意。就全脱了还光着脚满屋子跑。我洗了水果给他吃，他去把牙签儿全部都倒在桌子上。我刚把玩具收拾到盒子里，他一股脑儿地把玩具全部都给倒在地上，任玩具满屋子乱滚。他还经常坐在地上打滚儿，弄得衣服上脏兮兮的。我说他，他不但没有停下来还看着我们笑。”

正说着话的期间，忽然听见旁边屋“哗啦”一声，我走过去一看，沙盘屋的沙具有很多都被这小家伙弄到了地上。

### 案例分析：

其实每一个孩子由服从到不服从的转变是一个很正常的现象，是孩子成长的正常表现。这一行为表明孩子已经进入了人生第一个逆反期。处于这一时期的孩子，由于身体的发育，开始进一步通过自己的肢体活动来感知世界，扩展自己的活动空间。孩子对家长也从完全依赖发展到不完全依赖。与此同时，他们的自我意识在逐步增强，再加上对这个世界充满了好奇，就必然会出现上述案例的情况。作为孩子的家长，首先要认识到这一阶段是孩子成长过程中的必经阶段。没有必要过多的忧虑，家长需要做的是：通过和孩子商量和约定的方法来满足孩子自己动手探索事物的需求。

### 成长策略

当孩子处于第一逆反期的时候，家长可以为孩子探索提供安全的玩具和其他物品，也可以抽取特定的时间陪伴孩子一同进行探索实验。这样既能满足孩子的好奇心，又能满足孩子动手的愿望。家长可以把每一个步骤和动作拆分之后交给孩子，以代替之前说“你不能这样”，“不是告诉你了吗，别这么做。”等这样的方式。家长也可以用其他的游戏、玩具和话题来吸引孩子的注意力，使孩子的注意力发生转移。孩子在玩儿的时候，通常是全神贯注的，这时的他很难听清我们说的话。此时家长要做的不是加大音量，而是走到孩子旁边，蹲下来拉住孩子的手让孩子的眼睛注视着你，然后再慢慢地讲解。

# 案例40：养了一个“白眼狼”？

♂ 男孩 4岁

## 案例描述：

最近接到一个妈妈哭诉的电话，还没说什么话，就一直在那哭，我非常费解，让她先把情绪稳定一下，慢慢说，只听这位妈妈一直抽泣地说她不知道为什么养了一个“白眼狼”。她说有一次天气特热，孩子要闹着吃西瓜，于是她走在街上转了很长时间，终于买了一个大西瓜回来。

她在厨房切开西瓜情不自禁地先尝了一口，这时立即听到一声严厉刺耳的童声：“谁让你吃了，给我吐出来！”这位妈妈怔在那儿，两行热泪止不住地流了下来。随即又听到孩子说：“行了，别哭啦，下次不可以自己先吃了。”

妈妈觉得自己含辛茹苦地把孩子拉扯大，这刚四岁就开始指责她，不让她吃西瓜，大了以后还能不能给她养老。同时妈妈也认为自己的教育出现了问题，但又不知道哪里出现了问题，特来咨询。

## 案例分析：

我们很多时候会受中国传统的“再穷不能穷教育，再苦不能苦孩子”这一观念的影响。如今大多家庭都只有一个孩子，在“421”这种家庭模式（四位老人、两位父母，一个孩子）中，家长都是围绕在孩子的周围。孩子没有兄弟姐妹和他分享，一切都是以他为中心的。这样往往只会让他考虑到自己，不会考虑到其他人。在和别的孩子交往过程中，他也容易以自己为中心，只要自己有需求，谁说都没有用。

## 成长策略

要想改变孩子的这种行为。首先，要引导孩子学会和自己最亲近的人进行分享，取消孩子在家庭中的特殊地位。买了水果平均分成几份，做好了吃的要大家一起吃，让孩子知道家里人的待遇是一样的，自己并没有什么特权。其次，家长也要以身作则。不要以为孩子小就什么也不懂，他知道的东西很多，只是不知道怎样表达出来。所以，在孩子面前，家长如果不懂得分享，敷衍塞责，那么，自己的孩子又怎么可能将自己的东西与别人分享呢？

# 案例41：是谁弱化了孩子的各种能力？

♂ 男孩 5岁

## 案例描述：

我第一次见到小强（化名）时，他穿着华丽，白白的脸颊没有一丝污垢。妈妈跟我说他是早产儿，出生后一直在暖箱里待了一个多月。后来又经常得病，这好不容易把他养这么大了，却发现好像孩子发育迟缓，各个方面的能力都很弱，尤其是语言能力。

我和孩子进行交谈时，发现我如果不问，他就不回答。如果他想要什么沙具，够不到，宁愿不要了，也不会要求让我帮他拿一下。

在和妈妈沟通时，我发现当孩子还没有说出自己的要求时，妈妈就已经明白他要做什么了，马上就把他需求的物品递过来。这样一来，小强根本不用说话就可以完成一切内容。

当我说要和他一起进行游戏时，他没有反对也没有同意，只是自己摆自己的车。我放了一个房子后，他依然拿着自己摆出的沙具在那玩，不与我进行沟通。

小强摆放的沙具

## 案例分析：

通过这个案例我们不难发现，当孩子有先天性问题的时候，如早产、多动、自闭等倾向时，家长对孩子的要求自然不会像正常孩子那样严格，在大多情况下，家长还是会宽容对待自己存在特殊问题的孩子。毕竟自己的孩子异于其他的小朋友，但是家长也绝对不能放纵孩子。

## 成长策略

上述案例中的小强并不是真正的发育迟缓，而是家长过多的心疼孩子，经常过多的帮助孩子做一些力所能及的事情，导致孩子没有机会发展其功能。我们都会发现有些孩子说话晚，但这并不代表孩子的语言功能是有障碍的。而是他不需要说话时就可以满足需求，当然就不用说话了。

所以，家长如果希望孩子各方面发展均衡，就要学会放手，不要在孩子未说话表达时，就通过孩子的一个眼神、一个动作去满足他的一切需求，请信任孩子，让孩子自主探索。

# 案例42：抢劫之后的恐惧

女孩 6岁

## 案例描述：

有时候，我们人生总会遇到一些意想不到的事情，这些事情也许会对我们的心理造成创伤或留下阴影，我们叫作应激性心理障碍。当我们遭遇这种障碍后，很多成人都会难以适应，更何况是儿童。彤彤（化名）来到我这里就是因为这类事件，她本来是一个活泼的小姑娘，就在两个月前的一天，妈妈开车来幼儿园接她的时候，遭遇了歹徒抢手包的事件。而彤彤不仅目睹了全过程，而且当时妈妈因为着急去追歹徒，把她一个人留在原地，当时的彤彤吓得哭都哭不出来，睁大眼睛就在那站着。

这件事以后，彤彤变得异常沉默，很少说话。白天在学校总是孤零零地坐在教室的角落里，晚上回到家也不敢一个人睡，一定要妈妈陪着。妈妈试着和彤彤一起回忆当天的情况，想了解孩子的感受，可是刚开始说“那天妈妈开车去接彤彤”她就“哇”的大哭了起来。爸爸、外婆轮番安慰她，也不见有什么效果。实在没办法，妈妈带着彤彤来做心理咨询。

## 案例分析：

上述案例中的彤彤是典型的因情绪刺激导致退缩、孤僻行为，这种类型的孩子需要时间来平复刺激。生活中对情绪的刺激是多种多样的，有突发的，也有长期的，有意外的，也有自然灾害引起的。

彤彤目睹抢劫事件，给她的社会交往方面造成了深远的影响。因为人对人的伤害会让幼儿形成消极的价值观，认为他人是不值得信任的。当发现孩子表现出社交退缩的行为时家长要深入分析背后的原因，像彤彤这件事，妈妈让彤彤直接回忆会造成更加不良的效果，这时建议寻求专业的心理咨询师进行帮助，很多方法和技巧家长不能很好地了解和使用，当家长发现孩子与平时表现不一致时，需要全面评估孩子的周围环境和日常生活，看看是否存在一些无形的心理压力。

## 成长策略

如果像上述案例中彤彤的状态，孩子仍然很害怕，不想谈论这件事，家长应该及时停止。家长如果不能肯定时机是否成熟，可以通过提及类似事件和关键词来试探。一定要充分尊重孩子痊愈的速度。如果孩子已经可以开始谈论创伤，家长应该充分表扬孩子在当时表现出的勇气，并且耐心地引导孩子想出一些鼓足勇气的办法。孩子对运用自己提出的办法会更有积极性。

# 案例 43：扔不掉的“月亮”

♀ 女孩 3 岁

## 案例描述：

琳琳（化名）今年已经三岁了，家里有各式各样的玩具，可不知道为什么她一直对那个一岁时爸爸买给她的月亮玩偶情有独钟。不管什么时候她都抱着那月亮玩偶，吃饭拿着，睡觉抱着，来上幼儿园也要带着。只要发现月亮离开了自己的视线，肯定要大哭大闹一场。

妈妈看那个“月亮”已经又脏又破了，再这么玩儿下去会很不卫生，就想给她买一个一模一样的换下那个旧的，可琳琳就跟能闻出来味道一样，不要新的，只要那个旧的。如果光是在家这样还好些，最让妈妈头疼的是琳琳上幼儿园也要带上那个月亮，琳琳总是抱着月亮玩偶自言自语，也不和小朋友玩。老师上课提问她，她也总是抱着那个月亮小声地嘟囔，根本不敢大声说话。

## 案例分析：

像琳琳这种情况属于典型的“物品依恋”。物品依恋绝大多数会发生在六个月到三岁之间。具体的表现就是孩子离开某样陪伴惯了的东西就会忐忑不安，怕见生人，回避集体活动，不敢与人说话和交往，胆怯退缩，表情淡漠。这种“物品依恋”大多是由于缺乏安全感而引起的。

所以，要想让孩子摆脱对物品过分的依恋，就要从增强孩子的安全感入手，很多家长觉得给孩子的安全感挺足够的，为什么孩子还是安全感不够，这点要特意和家长们强调一下，从心理学角度来讲的爱，尤其是婴儿1岁前母亲给予的爱，需要满足三个变量：触摸、摇动、游戏。只有这三个条件同时满足时，孩子才会有所谓的安全感，也就是我们所谓的爱。

## 成长策略

婴儿时期的安全感一旦错过，就很难再满足，不是不能得到满足，是这种满足也许会花上很多倍的时间，甚至一生都在找寻这种安全感，所以，父母要多接近、多抚摸孩子，多与孩子沟通交流，给予孩子更多的关爱，满足他们对安全的需要。例如：与孩子一起做游戏，一起看某一本书或一部电影，激发孩子的兴趣。当孩子因缺乏安全感而出现一些不同寻常的举动时，还要选择合适的时机做矫正，如孩子第一次上幼儿园时，就不是处理问题的好时机。

# 案例44：焦虑失控

女孩 5岁

## 案例描述：

我曾经带过一个小女孩，叫萌萌，她妈妈是我的同事，她从小就显得特别安静听话，从三岁起她妈妈就给她报了舞蹈，钢琴等特长班，这姑娘也不负众望，每天都坚持练习，现在依然学得很棒。

在我们班级里甚至整个幼儿园里她的才艺都很突出，我们都很喜爱她，在六一儿童节的文艺汇报演出上，我给她安排的表演是钢琴独奏。这对于她来说再简单不过了，毕竟她小小年纪已经考过钢琴4级。但演出当天，可能是紧张过度，她忘记了曲子，一首乐曲都没有弹，这是一个意外，平时彩排的时候，她弹得都非常棒。回到家后，妈妈狠狠地教育了她，她也觉得自己发挥失常大哭一场，几天都闷闷不乐。

自打这件事以后，她变得敏感，如果没有完成练习或是任务太重了，她就会紧张，生怕妈妈批评她。她妈妈也是个要强的人，有时发现女儿有什么做得不够好的地方给她指出时，她很容易就开始哭。后来的一段时间里我也发现她常会因为没有完成我给她布置的任务而紧张不已，严重的时候会出现心跳加快，气促，出汗等症状。

### 案例分析：

上述案例中的小女孩是典型的素质性焦虑，素质性焦虑的儿童早期可以表现出与兄弟姐妹不同的敏感性及对事物的过度反应。这类儿童的个性非常温顺，守纪律，克制力强，自尊心强，对待事情非常的认真而又过度的紧张，智力的水平较高。这类儿童的父母往往也有敏感，犹豫，缺乏自信心，多虑等表现。

像这样的孩子每天都有可能对某一事件或活动产生过度的、不可控制的焦虑。即使在没有任何诱因的条件下，他们也会担忧，因为他们拥有这种焦虑的素质。所以作为父母首先了解孩子的个性特点，用爱去化解他们的焦虑。

## 成长策略

许多家长为了不让孩子输在起跑线上，对孩子进行所谓的“全面教育”。美其名曰是为孩子好。殊不知，孩子成天处于家长和老师的狂轰滥炸中，内心的感受已经很沉重了。特别是像萌萌这种敏感多疑、胆小的孩子。当他们表现出紧张焦虑的情绪时，家长应该接纳他们的情绪，如：“妈妈知道你很担心自己完不成任务而受到批评。”与他们保持同理心，切不可盲目地指责和批评。

# 案例45：溺爱背后的冷漠

女孩 6岁

## 案例描述：

最近接了一个幼儿园的小孩，这个孩子家里有两个孩子，她是二宝，叫玲玲（化名），在幼儿园期间就能看出来全家人都宠着她，对她的要求都给予满足。她父母工作都很忙，也许是觉得亏欠吧，所以就更加对她宠爱有加，有求必应。

这次找我来，是因为妈妈发现玲玲的状态不太对，希望能够通过心理的方式找到原因，妈妈说起一件事：有一次全家人一起出去旅游，妈妈和玲玲在宾馆的房间里玩捉迷藏的游戏。就在玩儿的最起劲儿的时候，妈妈不小心踩到了地上的电线插头儿，摔倒在地上，并受了伤，把脚划破了，鲜血滴在了地毯上。玲玲却不耐烦地催促妈妈："哎呀，快点吧，咱们重新玩，刚才的不算。"

这时，爸爸带着姐姐也回来了，他们看见妈妈流血了非常关心地询问："怎么弄的，赶紧处理伤口。"妈妈随口就说："没事，是跟玲玲玩游戏踩到了电源插头，摔了一跤。"没想到玲玲却对着妈妈大喊："是你自己踩上的，为什么怨我，我也没让你跟我玩！”妈妈听到后，非常的伤心，当天爸爸严肃地批评了她，但从那件事开始，爸爸妈妈发现玲玲好像对谁都非常冷漠，一点都不关心别人，只关心自己。

### 案例分析：

因为玲玲是家中最小的孩子，全家人都把爱倾注在她的身上，她从小就被关心被宠爱，久而久之，她将这一切看成是理所当然的。在她心里形成了这样一种意识：我是家里的中心，全家人都得围着我转这是应该的。

于是，她只知道接受，不知道付出，也不觉得有关心家人和他人的必要，她的冷漠，让家人觉得寒心。

现在父母对孩子的爱已经变成一种病态的爱——溺爱，使得许多不良品质在孩子身上滋生蔓延，如自私、任性、专横跋扈以及冷漠，所以家长对孩子的爱应该有度，给孩子健康的爱，才能培养出具备健康人格的孩子。

## 成长策略

近几年非常流行一个词，叫作同理心。同理心是指能站在他人的立场上从他人的角度去思考问题，去体验情感。可以借用“假如是我受伤了”的角色换位活动，让孩子理解体验妈妈内心的感受和同情，妈妈的痛苦。改变原来的冷漠态度。

通常情况下都是父母给予，孩子接受。时间久了，孩子就惯于接受而不愿意付出，所以父母偶尔也该“示弱”，让孩子为父母做些事情。例如：父母需要提很多东西的时候，让孩子在力所能及的范围内帮忙拿一点儿。疲惫的时候，请孩子倒杯水给爸爸妈妈喝。让孩子学会给予，懂得父母和别人的给予是一种恩惠。

# 案例46：一紧张就结巴

♂ 男孩 5岁

## 案例描述：

最近来了一个小朋友，他来这里原因很简单，妈妈说他在幼儿园和小朋友一起交流时候没有口吃的现象，但是，只要老师问他问题或者和他说话，他就会很紧张，脸憋得通红，说话就断断续续的。

妈妈说："他在外面遇到邻居时，我们让他叫人时，他也会结巴，我们有时就会着急，还会说他，为了让他锻炼正常说话，我们还经常带着他去一些陌生的地方，想通过在陌生场合说话来锻炼孩子的胆量。结果却发现他的口吃现象越来越严重。不知道这是什么原因，所以过来看看。"

## 案例分析：

上述案例中的孩子，只是和老师、陌生人说话时才会显得紧张结巴，在和小朋友说话和家长说话时没有结巴的情况。这说明他是在一些陌生环境和不熟悉的环境下由于紧张导致的说话结巴。

当孩子说话时过于急躁、激动、紧张，或者突然受到惊吓和害怕。都可能出现口吃，而心理因素造成的口吃孩子都会有自卑感、焦虑，敏感、恐惧、紧张等情绪。他们通常都有消极的自我评价和不良的自我意识，过分夸大和担心口吃对自己的影响，所以家长和老师要给孩子营造一个宽松的气氛，减轻孩子的心理负担，以及其紧张和焦虑的情绪。有些孩子并不知道自己这是口吃的行为，但很多家长会特意强调，这会让孩子加深记忆，从而也会刻意模仿。

## 成长策略

遇到这种情况时，家长只对孩子在说话流利时和不出现结巴时给予表扬和鼓励，对孩子说话结巴的情况下不用刻意在意，更不要对其进行指责和批评。家长要和孩子多交流沟通，尤其是多与孩子进行情绪的沟通，如出现高兴、紧张、生气等情绪时，让孩子能自我表述清晰，建立良好的信任关系，让孩子消除对老师和其他一些不熟悉人的恐惧感。当孩子能够在陌生人面前流利地打招呼时，给予积极的强化，并逐渐延伸到其他陌生的环境中。

# 案例47：我喜欢画大嘴巴

**女孩 5岁半**

## 案例描述：

丹丹（化名）最近有一个特别的习惯，只要妈妈平时一说话，她就会赶紧跑过去捂住妈妈的嘴巴，不让妈妈说出声音。一开始妈妈还以为丹丹和她做游戏，但妈妈发现她每一次说话，丹丹都会捂住嘴巴，有时妈妈再说重要的事情，丹丹也会这样做，妈妈就会很生气并批评责备丹丹。

而丹丹还觉得自己受了很大的委屈，眼泪吧嗒吧嗒掉下来。可是一到妈妈说话，丹丹又开始捂住妈妈的嘴巴了。

## 案例分析：

此案例中这幅画是一幅儿童自由画，画者是在家自己画的。

在画中，我们不难看出画者应该画出来自己和妈妈，她们都站在房子外面，房子的旁边还有棵树。

而在我与丹丹沟通时，发现丹丹并不是画每一个人物都是大嘴巴的，

丹丹自由画

只有画妈妈和自己的时候，会把嘴巴画这么大。我问她为什么需要把嘴巴画这么大的时候，丹丹说："妈妈每次说话都张着大嘴巴，都可以把一条鱼塞到她嘴里。她的嘴巴就是大，所以就画这么大。"但当我看到丹丹妈妈时，发现她的嘴巴并不算大的，是正常的嘴巴。这也象征着丹丹每次听到妈妈说话都会很烦，不愿意倾听别人给她的意见，所以画中的她和妈妈都没有耳朵，而她和妈妈都属于光动嘴不动手的类型，所以她们的画中也没有胳膊。

## 成长策略

对于孩子来说，每天看到什么就会画出什么，有时我们也许觉得和孩子已经很亲密，或说了一些所谓为了孩子好的话，但孩子是否能真心接受，也要看我们的表达艺术和水平，有些要求不一定非要用语言表述。一个眼神，一个动作，就可以让家长与孩子的距离拉近。当我们无法判断孩子内心感受时，就停下来多看看孩子画的画吧，画中的你，就是现实中你在她心里的样子。

# 案例48：令人恐惧的毛毛虫

♀ 女孩 4岁

## 案例描述：

生活中我们不难发现，有些人对某些动物或物品会非常的害怕，最近接到的一个个案就是这种类型，她叫倩倩（化名），她特别害怕的是毛毛虫，一开始倩倩在公园里看见了毛毛虫就会大哭、尖叫，后来延伸到看到故事书中有毛毛虫的图片都被她撕掉了，一次，在幼儿园，教室的地面上出现一条毛毛虫，倩倩看见了大哭，第二天连教室的门都不进了，妈妈跟她说，毛毛虫不咬人，是很可爱的，但是越是这么说，倩倩就越害怕毛毛虫。还有一次她们正在走路，在不远处有一条毛毛虫，倩倩看到后马上大哭大叫，连路都不要走，直接让妈妈抱。

## 案例分析：

孩子害怕一些事物有以下几种原因：第一，恐惧情绪的出现很可能是由于形成的不良的条件反射。倩倩可能曾经与毛毛虫直接接触过，并且被其蜇过，发生了恐惧的反应。所以以后只要看到毛毛虫，她就会害怕地哭起来。

第二，她可能看到别的小朋友看到毛毛毛虫吓得尖叫，自己也因此产生对毛毛虫的恐惧。例如：妈妈害怕蜘蛛，看到蜘蛛时大喊大叫，紧张不已，于是孩子也会模仿学习对蜘蛛的恐惧。

第三，孩子对某一物体的恐惧，可能是因为对该物体有了错误的认知和判断，觉得该物体就是一个可怕的东西，会伤害到自己。

## 成长策略

当孩子遇到上述情况时，家长可以通过拥抱，身体抚摸，沟通交谈等方法，让孩子感到安全，然后帮助孩子面对害怕的事物，如上文中的毛毛虫。先引导孩子全身肌肉放松，想象一些愉快的事情。然后分阶段做。如让孩子走近毛毛虫 20 米远，然后再走近 15 米远，再走近 10 米远，一步步接近目标。以慢慢消除心中恐惧。

# 案例49：注意力缺失

♂ 男孩 5岁半

## 案例描述：

洋洋（化名）是一个表达能力极强的孩子，他马上就要上小学了。妈妈是一位幼儿教师，从小就开始培养他的各项特长，学钢琴、练武术、参加轮滑、小主持人等兴趣班，洋洋在兴趣班表现都可圈可点。可在幼儿园里却坐不住，也不认真听讲，老师在讲课，他听一会儿就不听了，老师让他给小朋友示范时，他经常没有听到老师的指令，还频频走神。

妈妈带着他到专业医院进行学习能力的测查。结果发现，洋洋的视知觉分辨能力和视知觉动作统合能力只相当于四岁孩子的水平，注意力也存在严重的障碍。妈妈得知后，在洋洋面前抱怨："我怎么生了你这么一个傻儿子。"自从诊断完后，洋洋对学习更没有兴趣，上课更不听讲了。

## 案例分析：

学习障碍是指人们在吸收与运用所接受的信息进行说话、阅读、书写、推理和数学运算时出现的障碍。这种现象被认为是由于中枢神经系统功能失常所导致的。学习障碍也伴随着其他障碍，如情绪困扰、生理原因等问题同时存在。

学习障碍并非是儿童在上学后才表现出来。在学前阶段，尤其是幼儿园中班以上儿童已经开始。某种学习，如认字、儿歌、手工等。一般正常孩子学习活动上都表现出浓厚的兴趣，而且没有什么困难。如果有的孩子像洋洋这样对活动注意力难以集中，对什么都不感兴趣，经常搞小动作、不听讲，家长就要警惕了。

## 成长策略

家长首先要接受孩子的现状，理解孩子。有学习障碍的孩子本身就处于劣势的处境，他们需要付出更多的努力才达到同龄人的水平，所以，家长应该给孩子安慰和理解，与孩子站在同一战线上。

孩子即使存在着学习障碍，身上也会有一些独特的长处和优点，家长需要仔细观察，找到孩子的闪光点。从孩子感兴趣的事物着手，再引入到学习上来，家长还要有效地提高孩子的注意力，给孩子进行一些注意力方面的训练。

# 案例50：暴饮暴食怎么办

女孩 5岁

## 案例描述：

之前我有提到因为孩子不爱吃饭或吃饭太慢家长们非常头疼，但也有一种情况是孩子食欲太好，尤其是女孩，这也让家长焦虑。小彩（化名）就是一个食欲超好的女孩，胖嘟嘟的小脸蛋，肉肉的小手，手背上面有好几个小坑，特别可爱。别看小彩是个女孩子，但她吃饭不用操心，不挑食，大口吃的可香了。由于小彩太能吃了，除了正餐，零食也不离口，无论看见什么食物都馋，似乎总是处于饥饿状态，这导致小彩的体重增长过快，已经将其他同龄小朋友远远甩在了身后。

一次，幼儿园的体检上，保健医告诉小彩的父母，她的体重严重超重，必须要进行减肥，幼儿园里老师也开始配合保健医帮助小彩减肥，有时会限制小彩饭量，这让小彩的心情顿时不好，吃了两碗饭后，小彩还会要，如果老师不给，小彩就会号啕大哭，有时因为情绪激动，还会把吃下去的食物吐出来。这也让老师非常为难，不给吃孩子大哭，给吃的话，保健医说的减肥计划就要泡汤。

## 案例分析：

上述案例中的小彩，属于饮食无节制，一次吃的量过多，超过了正常胃的容量。饮食过度容易造成肠胃负担过重，营养难以保证。同时，一味的地贪吃还有可能会伤害大脑，影响智力发育。处于幼儿时期的孩子在饮食方面的自我控制能力比较差。所以遇到好吃的食物就没有节制，还有的孩子因为模仿大人暴饮暴食，吃起东西来也毫无节制可言。

## 成长策略

面对孩子无节制的饮食，家长要忍心拒绝孩子，面对孩子的哭闹，很多家长会招架不住，但是退让一次，孩子就会洞察到家长的心理。知道家长心疼自己，下次还会故技重施。

家长要合理地安排孩子的一日三餐，定时定量，每餐饭里要定量准备一些孩子爱吃的食物，有时遇到孩子过分饥饿时可以适当加餐。最重要的是，全家人要一起养成锻炼身体的好习惯，家长不能只命令孩子去运动，自己成天坐在沙发上看电视。要配合幼儿园保健医制订的计划，父母有健康的生活习惯，孩子也就容易养成健康的生活习惯。

# 案例51：害怕一个人睡

♂ 男孩 4岁

## 案例描述：

米乐（化名）已经过了四岁了，每天晚上都是妈妈和米乐睡在一张大床上，而米乐的爸爸则睡在另一个房间的单人床上，为此爸爸妈妈也一直想让米乐单独睡一个房间。

就在米乐四岁生日这天晚上临睡觉前，妈妈告诉米乐："你已经是个大孩子了，该学会自己睡觉了。"米乐吃惊地看着妈妈，爸爸这时走过来鼓励他说："试试吧。"于是妈妈带到单独的卧室，把米乐放在单人床上，自己靠在旁边，给米乐讲故事，米乐渐渐地睡着了，可没过几分钟米乐一会儿就醒一次，然后惊恐地找妈妈，妈妈一边哄，一边拍着米乐，不一会儿米乐又睡着了，可不到20分钟，米乐又醒了，就这样米乐一宿也没睡踏实，也把妈妈折腾够呛。妈妈觉得孩子还是太小了，目前不适合分床睡，于是又开始让米乐和自己睡大床，爸爸自己睡单人床去了。

## 案例分析：

如果家里有像米乐这么大的孩子，其实让孩子独睡的习惯可以提早两年，最好是在孩子出生以后，父母就为他准备一张小床，让他睡在自己的小床里，小床上放上她自己的枕头、被子、床单，这样有利于孩子从小熟悉睡觉的环境。看到床就意识到“这是睡觉的地方”从而形成正确的睡觉的习惯。

## 成长策略

家长可以用其他小朋友为榜样，如家长可以引导说：“你还记得壮壮哥哥吗，他好厉害呀，可以自己单独睡觉啦，我想我们家的米乐也可以做到呢。”由于有了同伴的影响，孩子也会很愿意自己尝试独立睡觉。家长陪伴孩子睡前不要太长时间，控制在五分钟到十分钟左右，而且故事情节不要太离奇恐怖，因为这样反而会让孩子的兴奋。建议家长通过讲不同小动物睡觉的故事来引导孩子适时的睡觉。

孩子睡着后妈妈不要马上离开，人的睡眠一般分为浅睡眠和深睡眠两个时期，孩子睡着后最初的 20 分钟属于浅睡眠时期，很容易惊醒。所以，妈妈最好待在孩子附近做一些别的事情，万一孩子醒来也不会因为看不到妈妈而感到害怕。孩子在刚刚睡着后的浅睡眠时期，可能会翻个身动一动，哭两声。这时，妈妈也不用紧张，这是正常的现象，不要跟孩子说话和抱起，轻轻拍一拍，让孩子继续睡觉。

# 案例52：这么小就开始自慰了吗？

♀ 女孩 5岁

## 案例描述：

我曾经去幼儿园做教师培训时，一位老师告诉我她们班有个女孩，从三岁时开始睡觉前就喜欢紧加着双腿，有的时候还把被子夹在两腿中间。每次夹腿的时候就会出汗，面红，全身紧张，两只拳头握得很紧。现在她夹腿的次数越来越频繁了，午睡时必须有一个老师去看着她，就算老师在旁边，她也会夹腿，动作就像自慰一样。老师和父母沟通后，父母对孩子的行为非常的反感，担心孩子“学坏了”，甚至为此打骂过孩子，但是孩子还是控制不住这样，不知道怎么办才好。

## 案例分析：

上述这种现象被称作“幼儿情感交叉擦腿综合征”，去医院看经常查无病因。

幼儿夹腿综合征的原因有以下几方面：

1. 局部刺激：如外阴湿症、蛲虫、尿布潮湿或裤子太紧等刺激引起外阴局部发痒，继而摩擦，在此基础上发展而成。

2. 心理因素：有的孩子因家庭气氛紧张，缺乏父母的爱，遭受歧视等情感上得不到满足，又无玩具可玩，通过自身刺激来寻求宣泄，从而产生夹腿动作。

3. 其他原因：在生活中有意或无意看到的一些成人题材的镜头、图片等行为也是导致“夹腿”不良行为的原因。

这些孩子智力正常，发作时神志清醒，多在睡前、醒后发作，在外玩耍时不发作，注意力分散时此行为可停止。女孩喜坐硬物，手按腿或下腹部，双下肢伸直交叉加紧或叠加，手握拳或抓东西使劲；男孩多表现伏卧在床上、来回蹭，或与女孩类似表现。还有些更小的孩子喜欢骑坐在大人腿上、椅角上摩擦外阴。发作时会伴面红、出大汗。女孩发作后外阴充血，分泌物增多或阴唇色素加重；男孩阴茎勃起，尿道口稍充血，有轻度水肿。

## 成长策略

当发现儿童有摩擦动作时，家长先不要着急，可以带孩子去医院检查一下，排除病因，如果是心理因素引起，则应进行心理治疗。尽快明确诊断，对症治疗。

这种行为其实是孩子消除精神紧张的一种表现。刚开始可能由局部炎症不舒服引起，好了以后慢慢形成习惯，一旦紧张焦虑就不自觉地摩擦，关注孩子心理健康要比身体健康更重要。

# 案例53：老是看不好自己的东西

女孩5岁

## 案例描述：

小旭（化名）平时总是喜欢丢三落四。很多次带出去的东西，不小心就丢掉了。小到一个钥匙链，大到衣服、帽子，她都丢过。最近孩子们中间流行玩啪啪圈，小旭很想要，妈妈给小旭买了一个，她喜欢的不得了，非要把它带到幼儿园去。

一到幼儿园小旭就拿出自己的啪啪圈，班里很多同学有和她一样的啪啪圈，几个孩子在幼儿园就玩了起来。老师看见了，让她们把啪啪圈收起来，不要放在学校玩，其他孩子都收到自己的书包里了，而小旭把啪啪圈放在桌子上，晚上妈妈接她的时候就问她啪啪圈到哪里去了，她自己也不知道。喜欢的东西没了她自然心里很难过，后来妈妈又给她买了一个。

第二天，妈妈千叮咛万嘱咐，别再把它弄丢了。并且告诉她如果不玩了就把它放在书包里。小旭认真地点着头，让人感觉到她真的听进去了。没想到接她回家的时候，第二个啪啪圈也丢了。看着小旭一脸茫然的样子，妈妈非常无奈，为什么她家孩子老是看不住自己的东西呢。

### 案例分析：

类似上述案例这种“丢三落四”的现象在孩子中表现特别突出。所有的问题都是有根源的，解决问题的前提是要明白原因。丢三落四是天生的吗？肯定不是，完全是后天形成的，而且是日积月累形成的。

孩子看不住自己的东西，是因为本该由孩子做的事情全由大人包了。如削铅笔，整理书包这些小事，家长都要插手。时间长了，孩子就想不起自己应该做的事情，即便是自己的物品，也会看不好，养成丢三落四的习惯。

## 成长策略

要想让孩子改掉丢三落四的习惯，首先要养成孩子自理的习惯。家长要告诉孩子应该做什么，展示方法和流程后就要检查、监督。例如：要带去幼儿园的东西在前一天晚上睡觉前就要准备好放在桌子上或明显的地方。脱下的衣服必须放在固定的位置，用过的物品一定要物归原处。如果发现孩子没有准备时，父母只需要适时提醒“你都准备好了吗？”“用完物品有没有放回原处？”剩下的让孩子自己来做。

培养孩子善始善终的良好习惯，当孩子因为丢三落四忘记带物品时，家长一定不要给他们送去，让他们因此吃点苦头。

孩子总是丢失文具，家长一定不要马上给他们买。痛定思痛，让孩子对自己的毛病产生反感，有利于增强孩子改正毛病的自觉性。

# 案例 54：怎么努力都写不好字

♂ 男孩 6 岁

### 案例描述：

琦琦（化名）现在上幼儿园大班，最近妈妈发现琦琦写作业时经常丢三落四或写错。如：数学作业经常把 12 写成 21，或者写字时偏旁部首颠倒，甚至写错。把大刀写成大几，把字母 b 写成字母 d，写字速度也很慢。字迹不工整，大大小小的，本子也被他弄得很脏。为此琦琦也被妈妈责骂过，甚至打过。可他总是一脸的委屈觉得自己明明认真写了，可还经常出错，他不理解。怎么自己就检查不出来错误，而妈妈就可以呢？

### 案例分析：

上述案例琦琦就是典型的学习障碍的孩子。所谓学习障碍是指智力正常，但由于听、说、读、写、算等学习能力落后而导致的成绩低的现象。学习障碍有很多种类型，而琦琦属于其中的视知觉的障碍。这类儿童，是视觉分辨、视觉记忆和视动练习出现了问题，表现在书写、抄书、做题和写字方面出现了粗心的行为。而不是琦琦故意写不好字。

## 成长策略

人在7岁以前大脑就像一部感觉处理机，对外界事物的感觉，主要来自于感觉印象，孩子在这段时期经常会动个不停，忙于寻找感觉的刺激，很少去用大脑思考问题。所以，这段时间是他们的感觉、运动能力快速发展的时期。在此期间，如果能够恰当地活动以获得感觉运动的经验，对日后读书写字等认知学习能力的提高，保持情绪稳定以及适应社会等方面都会有极大的帮助。

而对于感觉统合失调的孩子需要进行系统的心理辅导和学习能力的训练。例如：在纸上走迷宫；看一个图形十秒钟后把它背下来；在一大堆数字中找出某个数字，并且划掉；在许多复杂的线条中，找出某个特殊的图形或者数出有几个特殊的图形；将一些未完成的图形画完等。

# 案例55："我轻轻一碰它就塌了"背后的原因

♀ 女孩 5岁半

## 案例描述：

雯雯（化名）在幼儿园上大班，这天，妈妈带着雯雯去阿姨家做客。阿姨的女儿小欣（化名）和雯雯一样大。虽然不在一个幼儿园，但平时也一起在公园里玩。雯雯刚到阿姨家小欣就兴奋地跑出来拉着雯雯去看她刚搭好的积木大楼。雯雯看见了小欣的积木大楼很喜欢，伸手想摸摸，谁知雯雯就这么轻轻地一碰，大楼突然倒塌了。雯雯傻眼了，小欣看着自己的杰作被毁，眼泪在眼眶里打转。雯雯委屈地说："我轻轻一碰它就塌了……"

## 案例分析：

像上述案例中，雯雯的情况并不是有意的行为，是因为缺乏节奏感和韵律感。节奏感和韵律感是指儿童通过运动培养起来的对时间快慢的感觉，缺乏节奏感的儿童经常不能控制动作的快慢和急缓。肌肉力量的控制能力不足会导致孩子出手不知道轻重。就像雯雯，虽然很想轻轻地摸一下积木，但却没有控制好手部的动作的轻重，所以一碰积木就倒了。当孩子出现这种现象时，家长不要一味地责备、训斥孩子，可以通过科学的训练，提高孩子的能力，从而改善所谓的“毛手毛脚”的问题行为。

## 成长策略

做事“毛手毛脚”的孩子由于常常做错事，因此会对自己的能力产生怀疑，从而缺乏自信。缺乏自信的孩子往往会对一件事情的成功与否更加的在意。在事情还没有开始或是正在进行时，就担心自己是否能做得好，他们没有办法全身投入，自然就会毛手毛脚，更容易出错。

家长在家可以和孩子一起做游戏，如拍球、跳绳等，并给予言语和动作上的鼓励。滑滑梯也可以训练孩子的平衡感，促进感觉动作的协调能力。对于严重缺乏节奏感和韵律感的孩子，如感觉统合失调，家长应该带孩子去专业机构去做系统的感统训练。

# 案例 56：害怕打针的背后

♀ 女孩 5岁

## 案例描述：

果果一直都是一个非常活泼开朗的小女孩，最近暑假，她晚上总是不敢一个人待在一个地方。妈妈离开一会儿，她就大喊大叫："妈妈，你在哪里，快过来！"她不敢一个人，睡觉时也不肯关灯，妈妈一关灯她就要求打开。平时妈妈上班去了，她就一直跟在爷爷奶奶身边，就是不愿意一个人待着。妈妈问她为什么害怕？她说她怕打针。原来，果果最近一直在看有暴力场景的动画片，动画片里一个动画人物在拿着像胳膊一样粗的针管给另一个人打针。

## 案例分析：

很多孩子对黑暗的恐惧，大部分源于想象。果果想象力丰富，分不清现实与想象的界限，想象黑暗中有鬼，害怕打针，把恐惧扩大化。这和他最近在看有暴力场景的动画片有很大关系，因此家长一定要注意为孩子选择适宜观看的影视作品。限定孩子观看电子产品、电视作品的时间，或尽量让孩子不看。

## 成长策略

当孩子感到害怕时，家长可以给孩子一个甜蜜温馨的拥抱、爱抚，不仅可以提高亲子关系的质量，而且可以在一定程度上消除孩子恐惧的心理。

孩子的认知和理解能力是有限的，家长应该用孩子能够理解的话语耐心地进行讲解。家长也可以在孩子睡觉前给孩子讲故事，转移孩子的注意力，可以先开着灯等孩子睡着再把灯关上。第二天，家长一定要夸奖孩子关着灯睡觉是多么的勇敢。孩子受到了赞扬和鼓励，一定会有更好的表现。家长在给孩子讲故事时，应该让孩子分清楚想象与真实的界限，减少孩子的恐惧心理。

# 案例57：一片乌云遮住了阳光

## ——图画的意义

♀ 女孩 4岁

### 案例描述：

糖糖（化名）特别喜欢画画，最近妈妈发现糖糖的画上面都有一些黑色的线。妈妈询问糖糖，她说这是乌云。一开始妈妈并不觉得有什么问题，直到有一天，糖糖在画下面的这幅画，明明已经画完时是晴朗的天气，糖糖把画放在旁边时，就像突然想到了什么一样，拿起了黑色的蜡笔，把上面涂黑。妈妈问她为什么要涂黑，糖糖说："现在有一片乌云遮住了阳光，所以就要涂黑。"

### 案例分析：

这个年龄的孩子，能够将画面画完整并画出一些情节已经很不错了。孩子画的每一步、每一个颜色都有她们自己的意义，就像糖糖一开始画的时候，并没有运用黑色，而是最后用黑色将蓝色盖住，孩子虽然无法表达，但是她们能够非常敏感的把握不同颜色带来的感受。

为什么会让黑色盖住蓝色，这一行为也象征了糖糖在绘画时的情绪，最近应该会有一些烦恼，而这些烦恼就是我们所谓的成长的烦恼，她的画中人物的五官很清晰，但是没有耳朵，也是不愿意倾听别人给予的意见，作为家长也要思考是否在孩子面前说了太多没意义的话。再来看她画的树，很有特色，树干在中间，树冠非常小，围绕在树干旁边，也象征对还没有开始有自我意识，情绪很容易受外界干扰。

## 成长策略

儿童自由画中我们可以看到很多儿童看待自己、家庭、世界的态度和感受，也可以通过儿童画了解到儿童现在的内心状态。在学龄前，家长可以没事多陪孩子画画，一方面可以拉近亲子关系，另一方面也可以通过绘画的方法“疗愈”儿童内在心灵上的缺失。

糖糖的画

# 案例58：出口成“脏”

♂ 男孩 4岁

## 案例描述：

波波（化名）是家里最小的孩子，他还有一个上二年级的哥哥，最近波波在幼儿园中经常说话恶言恶语。当他生气时，他常常用这些不雅的语言来宣泄他的不良情绪。在其他时候，他也会时不时使用这些言语，通常，一边说还一边笑。

对于波波的这些不雅言语，老师们很不高兴。她们会对他说：“波波，不要再说这些话啦，这不好。”然而这根本不能改变他的行为。波波仍然使用这些不雅的言语，有时其他孩子也会跟着他学。

## 案例分析：

儿童通过听周围人说话来习得语言，他们学会说脏话时也是如此。当成人同伴或者兄弟姐妹说脏话时，儿童就会听到并且学会。大多数的时候儿童并不能够理解这些脏话的意思，但是时间一长他们就会明白这些脏话很特别。儿童还可能会观察到这些话只有在某些特别时刻，如生气的时候才会使用。通常这些言语，通过改变语音和语调得到了特别的强调，当某个儿童决定使用这些脏话时，这些语言在他的眼中就变得更加有魅力了。

当孩子第一次说出脏话时，听到这些话的，成人可能会觉得很吃惊或者大笑，因为这些话从一个小孩子嘴里说出来很不可思议。成人这些最初的反应可能是怀疑这孩子是从哪里学到的这些脏话，或者告诉这个孩子不要再说这些话。而这个孩子很快就会发现使用这些言语，就可以获得成人的关注。

## 成长策略

当一个孩子说了脏话时，如果其他孩子对这些言语没有任何反应，或者没有注意的，建议家长什么都别说，只需要像什么事情都没有发生一样忽略这些话语。如果其他孩子通过模仿、大笑，或者谈论这些话语以回应这孩子，那就尽可能的转移其他孩子的注意力。

当我们认真地去观察说脏话的儿童是在什么时候说这些脏话时，就会发现：无非是高兴、沮丧、生气等情绪起伏时会说，就是为了获得你的关注，知道说脏话根本的原因后，一切就不是问题了。

# 案例59："交换"的概念

——如果你让我玩这个，我就给你……

♂ 男孩 5岁

案例描述：

"小枫(化名)如果你让我玩一下你的小汽车，我就给你一些贴画。"平平（化名）小声地说。小枫今天特意带来了他收藏的小汽车来参加幼儿园的讲述活动。小枫说："不行。"

"可是你有三辆红色的，你并不需要这么多呀。"平平反驳说。当小枫再次说不行时，平平开始让小枫说他都有什么礼物，然后又列举了一大堆自己有什么样的好吃的食物。接着又跟小枫说用糖果换取小汽车。最后，老师发现了他们的举动，告诉他们讲述活动的东西是不能用来做交易或送给别人的，而阻止了这次交换。

中午，午餐时间到了。平平看到了旁边丽丽（化名）的碗里还有没有吃完的虾，就跟丽丽说："如果你给我一个虾，我就给你一块鸡蛋。"

丽丽摇摇头赶快把最后的一个虾塞到了嘴里，然后把身子转到了另一边。

下午平平和小朋友们玩，他跟大家说："我的外套里有扭蛋，如果你们和我一起玩，我就把它给你们。"这时，有两个小朋友说："我们不想和你玩。"然后走到其他地方继续他们的游戏。

老师们也发现了，当平平想从其他小朋友那里得到什么时，他总是通过某种"贿赂"或交换来得到，不过通常他都不会成功，其他的小朋友对这种方法的反应很消极。不过很多时候，他还是会用这种方式通过他的物品来"买"友谊、食物或其他的东西。

### 案例分析：

儿童贿赂行为，是指某一个儿童通过使用某种东西作为回报的方式，从其他儿童那里赢得友谊或自己喜欢的东西。定义这种行为相对比较困难，在某个儿童想要从其他人获得自己想要的东西时有 50% 以上的概率都在使用这种方式，才称之为贿赂的行为。

儿童就像成人一样拥有各种各样的方法来获得他们想从其他人那里得到的东西，其中绝大多数方法都是社会上可以接受的。对于儿童来说，用交换的方式来获得他们想要的东西很平常。不过这种方式成为某个儿童唯一使用的方式时，就值得我们关注了。

总是喜欢贿赂的方式，表明这个儿童社会技巧非常有限，这种行为应该引起成人的重视。

首先，这名儿童没有把所有的社交潜力挖掘出来。

其次，其他儿童和成人对经常使用贿赂方式的儿童的回应一般比较消极。这名儿童的自我概念因为其他人的消极回应儿发展得比较混乱，这样的儿童需要成人帮助，学会一系列的其他方式来获得他们想要或者需要从其他人那里获得的东西。

## 成长策略

当儿童出现了这种行为时，家长需要觉察是否经常用孩子完成一个期望中的任务（如收拾自己的玩具或者晚上好好睡觉）作为交换，给孩子一个他想要的玩具，或者特别的活动。如果是这样的话，家长可以在日常生活中改变和孩子的互换模式。同时，家长也要帮助孩子尝试用其他的方式得到他们想要的东西，如协商。

# 案例60：教室中像“风”一样的男孩

♂ 男孩 4岁半

## 案例描述：

幼儿园里孩子们选择了各自想去的区域，就开始玩儿起来。只有小亚（化名）走向了画架。他拿起了一只蘸了颜料的画笔，迅速在纸上画了一道竖线，然后，又重复地画了一道线，颜料顺着纸流下来，滴在地板上。小亚把画笔放回笔筒，罩衫一甩，说：“老师，我画完了。”

他又走到了积木区看了几秒，然后又来到了手工桌前。几个小朋友正在上面做手工，他捡起了一张拼图，把上面的拼块都倒了出来，然后走开了。随后他快速地扫视了一下教室，跑到了洗手间。他很快又冲了出来，跑回了美工区。

就这一会儿工夫，小亚在教室里跑来跑去，分散了其他小朋友们的注意力，打扰了别人的游戏，碰倒了小米（化名）小心搭起来的积木。他每天在幼儿园里就像“风”一样的男孩，我行我素，跑来跑去。

## 案例分析：

所有的捣乱行为都是希望获得关注。小亚也不例外，每当他在教室里乱跑时，就会有老师对他说话，试图阻止他、责备他，并试图吸引他参与某一项活动。在教室里乱跑的行为，就是为了获得老师的关注。

如果老师没有及时给他这种关注，他的捣乱行为就会升级，以激发老师的回应，老师此时往往会给予他回应，结果却强化了他的行为，导致事与愿违的结果。老师越是努力地阻止他，小亚的乱跑行为就会更明显。

## 成长策略

不论是在家还是幼儿园，当孩子出现乱跑或捣乱行为时，应该消除所有空荡的区域，要利用家具或房间来有效地分割空间，明确空间的用途。而当孩子有积极参与活动行为时，应该对他的这种行为积极强化。

无论何时，只要孩子积极地参与了活动，就告诉他，你为他认真参加活动感到非常的高兴。忽视他乱跑时的行为，虽然也许很难，但要让孩子知道，你是喜欢什么样的他，不喜欢什么样的他，慢慢地，他就会越来越像你喜欢的样子。

在此也要明确，在时间、地点允许的情况下，只要在安全范围以内，我们尽可能满足孩子自由活动需求，给予他们充分锻炼机会。